成为您的美好时光

知物

隐匿于日常生活中的真相

玻 璃

过去现在未来故事三面性

glass _ JOHN GARRISON

〔美〕约翰 · 加里森 _ 著

郝小斐 _ 译

上海文艺出版社
Shanghai Literature & Art Publishing House

目 录

序言

2014年初，一个朋友发给了我由康宁公司制作的一部小短片的链接。我认出了康宁这个公司名字，隐约记得这是一家规模颇大的制造商公司，似乎是在厨具制造领域的。这部短片描绘了一个超现代化的家庭，这家里的每一处玻璃平面都具有互动能力。当时我不太确定如何来理解这部影片。它显然引起了大众的共鸣。在视频网站 YouTube 上，这部影片有超过两千四百万的浏览量。作为为时甚久的科幻迷，这部短片所带有的未来主义色彩吸引了我。除此以外，我曾在一家交互式科技领域的咨询公司工作，我们的大部分客户都是像康宁一样颇有识别度的公司品牌。我在网上做了一些小调查，发现这家公司的涉及领域远远超出了厨具制造。事实上，康宁公司价值达一百亿美元，是各类玻璃制造产业的先驱者，产品从电灯泡到挡风玻璃，甚至还包括 iPhone 手机屏幕。在我对康宁公司有了更进一步的了解之后，我感到我和这部短片之间产生了另外一种纽带。我的职业生涯起步于李维斯公司全球策略部门，它和康宁公司一样，也是一个历史悠久的标志
viii 性品牌——李维斯公司成立于 1853 年，而康宁公司则建立与 1851 年——二者都不曾中断与时俱进的传统，从而得以保持在行业中举足轻重的地位。当然，玻璃的存在要比康宁公司久远很多了。数千年以前，东亚，埃及和罗马[1] 的玻

---

1 艾伦·麦克法尔兰和杰瑞·马丁：《玻璃的世界历史》（芝加哥：芝加哥大学出版社，2002），10—16。

璃制造工艺就已经炉火纯青了。在莎士比亚的年代，玻璃制造技术的进步还使得新的科学发现成为可能，并促进了视觉艺术新技术的诞生。因而，这部影片和我个人还有另一种纽带。在从事了交互科技和市场营销领域的工作之后，我的第二职业生涯便是研究文艺复兴时期文学并教授相关课程。

此外，这部短片还有一点吸引了我的注意力。它突出了玻璃在我们的日常生活中的无处不在。当然，我早已将玻璃看作是家庭住所中的一种物品。在我们需要一个容器来盛水的时候，我们会说："递给我一个杯子。"而当我们看不清小字的时候则会说："我把我的眼镜放到哪儿去了？"[1] 但是玻璃同时也是一种材料，许多物品都由它制成（比如说镜子，电视，桌

1 Glass在英语中除了玻璃之义，还表示"杯子"和"眼镜"等。——译者注。

子）。中世纪初期，“玻璃”这一词曾被当作名词用来指镜子。而在文艺复兴时期，玻璃指的则是滴漏[1]。在这部康宁的小短片以及在我们的生活中，玻璃无处不在，而在文艺复兴时期文学[2]中，它也一样随处可寻。在我的日常生活和学术生活中，貌似我总是要和玻璃打交道。

那么到底什么是玻璃呢？就算是我的科学家朋友们也给出了我形形色色的答案。玻璃是液体还是固体物质这一问题仍然富有争议，因为它既不完全符合液体特征，也并不完全是固
ix 体。每当我触碰到玻璃，我总能感受到它的固

1 所有关于词语和词源的讨论皆引用自在线牛津英文词典，http://www.oed.com

2 文艺复兴时期，出现了很多文学作品中关于玻璃的讨论。Margaret Ezell 提到，在 17 世纪关于精子和玻璃的文本有着“令人恐慌”的增长，尽在 1640 年到 1660 年间就有 185 篇出版文本以玻璃为题。Margaret J. M. Ezell，《看玻璃历史》，英国研究杂志 43，第三期（2004 年 6 月）：320—21.

体性，然而，在我们的想象中，玻璃总是具有着可渗透，多变化，易消散的特性，这一点将在本书中得到阐述。玻璃似乎具有一种深刻的不稳固性质，却并非只是因为它随时都有可能破裂或粉碎。玻璃可以是反光的，毫无光泽的，或者是透明的——有时候，这几种特性是同时发生的。它可以被用作获取清晰度，抑或被用来模糊视线，除此以外，它还能够在界定平面的同时给人以深度的假象。

我们常常将一些肢体的行为或物质上的特点与玻璃联系在一起——凝视，反映，透明——同时也是我们用来描述感知世界，领悟自我的抽象概念。实际上，作家和电影行业工作者们常常在创作中运用玻璃，以一种出人意料，有时甚至是违反直觉的方式来探索人类是如何理解世界以及认识自我的。长期以来，人类幻想着拥有一种具有反应性本质的物质，来应答我们对联系的渴求，而新近诞生的交互式玻璃产品就是对这一幻想的探寻和开发。我回味着这部康宁短片，并和朋友们进行了相关探讨，我愈发觉得人类历史上对玻璃的描绘和当代层出不穷的玻璃相关的科技进步之间存在着深奥的关联。长久以来，我们设想着，承载着人类独特愿景的玻璃，能够帮助实现人-人，以及人-物品间的新形式互动。伴随着我对玻璃的理解加深，我开始注意到一个原本应该是透明的东西，它可以缓和人、信息和机器之间的关系，也可以缓和人与他们想要的东西和体验之间的关系。

x 本书中描述了我们最为熟悉的日常物品之一，玻璃的内涵意义。我们将从新型交互式科技讲起，正是这些新科技将墙壁、挡风玻璃、窗户、工作台面、眼镜以及其他透明的玻璃平面变成了互动和虚拟体验的空间，本书将展现这些创新型玻璃是如何重塑我们对于平面和深度，对于透明和反射，对于固体和液体的区别认知的。通过检验从莎士比亚作品到现代科幻电影的一系列描述，我将探索我们的文化想象是如何赋予玻璃以互动性能，使其创造出新式的密切关系，实现人类美好向往的，而这些幻想和渴望，直到今天才在日新月异的产品和科技中得以实现。

本书的18个章节，通过再现玻璃的相关作品，浏览、扫视、放大和审视了一系列例子。玻璃可以造就许多。即使是一块透明的，近乎是隐形的玻璃，也仍旧影响着我们远远超出玻璃的体验。当我们将目光透过玻璃望去，它对我们所见之物的影响和塑造，也就是我们对自身思想的再塑造。我们，和玻璃一样，无时不刻都有可能在映射、混淆、扩大、投射、曲解，甚至猜测。

“玻璃造就的一天”

让我们从现在讲起，至少是**所谓的现在**。在其最近发布的短片中，康宁公司对未来的设想将我们带入一个新的世界，所有的玻璃表面都重新定义着我们的日常体验。从这部影片的名称，《玻璃造就的一天》，可以看出玻璃被赋予了造就世界的能力。这一构想将贯穿本书，从 16 世纪埃德蒙·斯宾塞的史诗中的描述“由玻璃造就的世界”到谷歌眼镜的营销推广中的口号“欢迎透过眼镜（玻璃）看新世界”。在这部影片中，康宁突出了浴室镜子、房屋窗户、汽车挡风玻璃在我们的日常世界中的角色，使其能够将我们现在的体验私人化，并且向我们提供了一条通往未来体验的捷径。

影片伊始，出现的是“不远的将来。早上7点”的字样。我们置身于一间卧室，房间里的一男一女正在从睡梦中醒来。也许是为了让观众感到舒适，这座房子的设计采取的是现代化或超现代化风格，甚是符合我们对未来房屋的一贯印象。房子非常整洁，线条干净明快。墙壁上的一块玻璃板响起了鸟鸣歌声，唤醒了这对夫妇；紧接着，整面使用光电池的落地窗从遮光变换成了透明，使整个房间沐浴在阳光之中——无需窗帘或百叶窗。家具，橱柜，和地板都是淡棕色和其他自然色系。康宁公司的未来设想是现实的理想化升级。然而，这部影片不仅仅是**设定在未来**，更为重要的是，它强调的是玻璃是如何**向我们提供了通向未来的道路的**。影片中的女人在清晨刷着牙，看着镜中

图 1　交互式的浴室玻璃（源于《玻璃造就的一天》；图片由康宁公司提供）。

的自己，这面镜子是由建筑展示玻璃材料制成的。她一边刷牙，一边在镜子上点开了日历，来查阅自己这一天的行程。

在这幅画面中，没有其他电脑屏幕；显示界面是融在玻璃里面的，并无边框，也没有隔离物来将女主人公和她逐渐展开的一天行程分离开来。这面镜子使人不禁联想起不远的未来。这面镜子中清楚地反射出女人刷牙的场景，这代表着现在，与此同时，镜中展现出的日历则象征着未来。玻璃所承载的允诺，也就是对无尽的同时性作出的承诺。

在厨房里，冰箱上的单板玻璃表面展示着
照片和视频；冰箱门上，快照照片和笨重的冰
003 箱贴不复存在了。当这一家人起床来到厨房，
静态的照片也仿佛获得了生命，转变成了视
频；再也不用拿出智能手机来看一张照片或一
小段视频了。女儿在冰箱上的照片里的一张脸

上加画上了胡须和眼镜。由静态变得生动的照片和女孩的涂鸦使得照片捕捉到的已逝瞬间不再静止，在动态当中，它重获了生命力，并使得清晨的家庭气氛分外活泼。承热性强，有展示功能的建筑表面玻璃上加热着面包，并模拟着出现了旧时的炉灶线圈。这同一表面上也出现了天气趋势，展现着未来。

玻璃表面时刻提醒着我们场景发生在未来，汽车里明亮的玻璃上显示着地图，规划着这一家人的目的地路线——在厨房场景过去不久后，这项路线规划功能再次短暂地出现在了一处由玻璃造就的公交车站等候亭中。

在这一家人出门之前，一通电话打到了一部手机上（也就是一片简约的，矩形手持玻璃显示器）。经过轻轻地触碰手机表面，这通视频电话就被转到了厨房柜台表面上进行播放。 004
很快地，爸爸和女儿们便在厨房柜台上和奶奶

图 2　交互式的厨房台面（源于《玻璃造就的一天》；图片由康宁公司提供）。

通上了话。这部影片反复向我们展示着“拟真的，无界缘的玻璃”。这句话，一方面是对玻璃的展示形式的技术性描述，而从另一个层面来讲，也传递了一种信息，那便是这些玻璃制品将轻易地融入我们的生活，与我们的日常世界产生更为深刻的交集。影片此处提醒着我们，玻璃造就了人与人之间的复杂的纽带联系。实际上，在这部影片中我们看到的互动型玻璃都是多点触摸屏（例如，多个用户可以同时操控屏幕），这种模式的触摸屏常常用于多个处在不同地点的用户之间的交通和合作。有人曾经警告说未来将是冷漠的科技主导型世界，但这部影片中的这些玻璃屏幕并未使得人与人之间的关系日渐疏远起来。

在展现合作交流的一幕场景中，一小块方形玻璃（与我们之前看到的手机相似）被放置到了一张玻璃桌面上，顿时屏幕上出现了服装设计细节图样和模特们身着这些服装的视频。和这部影片中所有的玻璃平面一样，这张桌子也是触摸敏感的。这步近乎带着舞蹈设计感的动作——当一件携带着信息的小物件被放置到了一张玻璃桌面上时，数据便被赋予了生命，展现出了活力——我们还将在后面的章节屡次谈到，从赛扬汽车的销售策略到《超凡蜘蛛侠2》中的想象出的高科技。当玻璃桌子表面和其他玻璃物件的界面对接时，所有的一切都可以作为屏幕使用，此时便不再需要另外一台电脑屏幕了。影片中出现的除了服装设计公司以外，
005 还有其他一些零售商。这部短片不仅仅将交互性玻璃的理念**出售给**消费者；同时，它也向商界强调这种玻璃可以促进**产品**的销售。玻璃赋予了我们想象未来的能力，反复体现着产品的吸引力，将这些物品展现给那些潜在客户们看。

一年之后的 2012 年，康宁公司发行了第

二部名为《玻璃造就的一天 2：同一天》的短片。影片发生在同一个世界，同一个家庭中。但这次，影片开场是从一个孩子的叙述角度展开的。女孩被一部手持展示的玻璃平板电脑播放的音乐叫醒，从睡梦中醒来。她的平板电脑投射出三维全息的图像。第一个出现的图像是太阳，以及她和朋友在一起的照片。就好像她睡梦中那些杂乱的影像将她的意识唤醒似的。全息投影图渐渐变得不那么模糊，可以识别了。我们看到了天气预报，还有一个需要回复的短讯。就像她妈妈浴室的镜子一样，这个女孩的衣橱门也是由无界缘的展示玻璃组成的，上面播报着关于未来的信息：这一周的天气预报，需带去学校的物品的备忘录，以及一份提醒她那天要去红木国家公园郊游的消息。她在衣橱门上输入“服装”的字眼，便可以在取出实体衣服之前，在镜子的虚拟空间中规划这一天要穿的服装搭配了。

这一场景使我们联想起照镜子的独特活力。我们常常凝视着镜子前的自己，问道："我看起来怎么样呢？"但事实上，真实的问题应当是"当别人看我的时候，我看起来怎么样呢？"康宁用这幕女儿设计自己当天着装的场景，融合了一个人对自身镜像的审视和其对不远未来的自身规划，充分凸现了照镜子的特殊活力。

在车里的时候，两个女儿悄悄设置了玻璃仪表盘，让心形出现在了上面，爸爸惊喜地笑起来，同时也在仪表盘上看到了备忘录，提醒他在一个多小时以后有一个会议。玻璃时刻提醒着我们关于未来，以使我们活在当下。爸爸将女儿们送到学校以后，便看着大型展示玻璃上显示的信息上路了，这些展示玻璃取代了高速公路路标，是用来警示他道路工程或交通事故的。一系列镜头组接场景中向我们展示了玻

图3　女孩选择郊游穿的鞋子（源于《玻璃造就的一天2：同一天》；图片由康宁公司提供）。

璃在这个世界上更多的应用，其中有一幕在这里值得一提。一名看起来像是美国一所医院里的医生，看着显示在一面墙体形式的展示玻璃上的信息。他正在读取一名病患的信息，而该病患的主治医生貌似正身处亚洲。很快地，两名医生同时看着同一面信息展示墙面，但这面墙却是透明的。因此，他们能够看得到对方，并透过一堵玻璃墙面对面进行交谈，就如同二人近在咫尺。这一幕再次提醒了观众，玻璃造就的一天
007 中，人与人之间的疏离是绝不可能发生的事。

康宁的这部影片向我们展示了不远的未来，玻璃有可能在我们的生活中无处不在，突出强调了玻璃和幻想作品之间的联系。这部影片，以及它所聚焦体现的材料，突出展现了一个崭新的世界。玻璃作为一种交互型材料，将未来体验栽种在现实体验当中，向我们承诺了新型的关系。

《麦克白》

为了能够更好地理解玻璃与未来的当代联系，让我们去看看莎士比亚著作《麦克白》（公元1606年）中值得玩味的一幕。在这一场景中麦克白直面女巫们，并询问道：

要是你们的法术
能够解释我的疑惑，班柯的后裔
会不会在这一个国土上称王？（4.1.116—118）[1]

---

1 我将本书中文艺复兴文本的引用文本都进行了拼写上的现代化。所有对莎士比亚作品的引用皆来自《诺顿版莎士比亚全 （转下页）

麦克白的顾虑自然是，他彼时的朋友，曾经的同盟[1]的子女是否会代替他麦克白的后裔，成为苏格兰的统治者。“art”这一词在这里的使用值得一提，在文艺复兴时期，这个词语同时既可以指艺术创造作品，又含有魔术，科学以及工艺之含义。

三名女巫分别发出了“现身!”的口令，由此召唤出了一连串的“幽灵”出现在了这一小众人面前。然而，这些幽灵并不完全是“阴影”，也就是古语中鬼魂的称呼。这一队列中既包含着已逝者，也有未问世者。这一幕的舞台提示为**作国王装束者八人次第上；最后一人持镜。**这一众鬼魂中有着麦克白被谋杀的朋友

（接上页）集》，编辑 Stephen Greenblatt，Walter Cohen，Jean E. Howard 与 Katharine Eisaman Maus（纽约及伦敦：W. W. Norton & Company 出版社，2008）。（译文采用朱生豪译本。——译者注）

1 即上文中的班柯，他与麦克白并肩作战，是他的好友和战友。——译者注

班柯，除此以外还出现了“戴着王冠的头颅”，这些便是尚未出生的幽灵。这一麦克白惊呼道“可怕的景象”的高潮发生在：

可是第八个又出现了，
他拿着一面镜子，
我可以从镜子里面看见许许多多戴王冠的人；
有几个还拿着两个金球，三根御杖。(4.1.135—137)

幽灵所持的王权宝球暗示着詹姆斯一世的加冕，而这位帝王的血脉可以追溯到班柯身上。这景象通过唤起联想的方式，将过往，如今和未来融合在了一起。班柯的鬼魂是麦克白不远的过去里一个活生生的人的幽灵回忆；班柯的后代是麦克白关于未来的幻象。与此同时，这一幽灵的队列，既包含了对于莎士比亚戏剧的观众的过去，也包含了对于詹姆斯一世而言的现世现代。除此以外，如果说在这一幕中，也传达着莎士比亚本人的不朽性——正如本·约翰逊所评价的一样，莎翁“不属于一个时代，而属于所有世纪”——关于詹姆斯一世的未来幻象对于莎士比亚未来的读者和观众而言，则是向过往的一瞥。

这一幕当中那原始的，物质的道具——那镜子，或者用莎翁自己的话来说，“玻璃”——在预见未来中扮演着至关重要的角色，这一点甚为有趣。让我们作一番回想，持着这玻璃的是队列中的第八员，而在这面镜子中映射出了许许多多的人。至少在《麦克白》的这一幕当中，玻璃成为乔纳森·吉尔·哈里斯所言的“不合时宜之物”，这一类物品在许多文艺复兴戏剧中都常常出现。这些使人混淆的物品或材料“挑战着（读者）产生自我认同幻想的时刻或时段”[1] 。当我们观看莎士比亚的戏剧时，我们看到的是这样一幕：戏剧角色在 010
他的玻璃镜像中看到了未来的幻象，而这样的一幕却是发生在过去的。正如乔纳森·吉尔·哈里斯称这一特有现象为“将尚未成为时间性的时间性物质化”一样，麦克白所见的玻璃中，以一种令人讶异的方式使得未来、现在和过去在一幅场景中交叠重复。[2]

或许，玻璃拥有某种特性，使其和超世俗世界相关连起来。我们可以想一想，在路易斯·卡罗的《爱丽丝镜中奇遇》中，是镜子向爱丽丝打开了奇遇世界的大门，而在《黑客帝国》里，尼奥在将要离开他的日常世界之时，

---

1 乔纳森·吉尔·哈里斯，《莎士比亚时代的终极问题》（费城：宾夕法尼亚大学出版社，2008），189.

2 同上。

伸手去触碰一面镜子，却发现这面镜子在向他靠近。然而，在这里我们并没有考虑到文艺复兴时期的玻璃镜子与我们的当代镜子，以及和文艺复兴前的镜子是全然不同的，《麦克白》的背景设置便是在文艺复兴前的中世纪时期。文艺复兴时期前的镜子是巨大的，磨光金属制成的。在文艺复兴时期，人们开始使用水晶镜子，而这种材质无论是在外观还是在触感上都和我们当代使用的镜子更为相似，但这种水晶镜子所映射出的形象是折射过或者弯曲的，故而并不能照出物体实体的准确镜像。正如黛博拉·舒格尔所言，这导致了文学艺术作品中描述的镜子很少是用来审视某人的外貌形体特征的[1]。相反的，在这些描述中，个人总是能在

1 黛博拉·舒格尔，《旁观者中的“我”：文艺复兴时期的镜子和反射思维》，摘自《文艺复兴文化与日常》，编辑：帕特里西亚·弗美尔顿与西蒙·亨特（费城：宾夕法尼亚大学出版社，1999），21—41.

镜子中看到某种伟大的形象，例如基督，或者圣母玛利亚，从镜子中回望着他们，抑或他们可能看到的是自己的面庞，但却已经化为了骷髅，看向他们。这些镜中反射出的是推测的自我形象，也可以说：这些镜中的形象正是照镜者在未来所渴望成为的人——比如说，如果某人立志拥有圣母玛利亚的美德，那么看到的便是玛利亚，或者某人面对的是镜中难以避免的宿命，那么看到的便是死亡，正如拉丁语中所说的，“勿忘人终将一死”。

正如艾伦·麦克法尔兰与杰瑞·马丁所展现出来的，中世纪和文艺复兴时期与玻璃相关的创新在想象力这一领域中扮演着至关重要的角色——不论是从提高人类视力的角度而言，还是从提出抽象概念的新想法的层面而言。[1]镜

1 艾伦·麦克法尔兰和杰瑞·马丁：《玻璃的世界历史》（芝加哥：芝加哥大学出版社，2002）。

子在促进几何学的进步以及帮助人类理解因果关系上做出了重大的贡献，同时，在艺术创造中，它是幻象和透视试验创新的功臣。而近期的物质文化和物质研究领域的理论化使得我们不再仅仅关注镜子产生的结果，而将注意力转移到了镜子这种物质本身。萨拉·阿赫梅德使我们认识到，在定位过程中，物品所扮演的角色是至关重要的。她强调道，“确定方位，也就是确定朝向某些特定的物品，这些物品可以帮助我们找到道路。”[1] 从而，当我们自问，在这世界上哪些物品具有特殊的力量时，我们应当先想一想萨拉提出的问题，“至于我们朝向的到底是‘什么’，又有什么关系呢？”[2]

我们为什么要朝着玻璃来做研究，则是本

1 萨拉·阿赫梅德，《古怪现象论：方向，物品与其他》（杜尔哈姆，NC：杜克大学出版社，2006），1.

2 同上。

书《玻璃》中的关键问题之一。《麦克白》中的这一幕，以及之前我们探讨过的康宁公司短片中关于玻璃的描述，还有本书中将提到的其他关于玻璃的描绘，这一切都暗示着，我们望进玻璃中时，寻求的并不是镜像，而是对于未来世界的推测或者其他平行世界的版本。

在我们暂搁下文艺复兴这一话题之前，让我们最后来看看一个颇有趣味的，包含着关于镜子的想象的表达模式。乔治·加斯科因在其所著长诗《钢铁玻璃》（1576）的尾声处，向他的读者宣告：

> 在你凝视着那满上的酒杯之前，我盖住了我的玻璃杯子
>
> 就在一瞥之间，我那愚蠢的自我窥探到了

这世上前所未见的奇异队伍。[1]

加斯科因笔下的关于玻璃的文本，和麦克白所见的第八位国王手持的玻璃一样，都含着极为丰富的意蕴。而更为重要的是，这丰富的含义是具有猜测性质的。若作者能够再次敞开思路，书写更多，故事便不会在这里就打住了。

在这里，加斯科因给我们留下了悬念，这悬念不仅仅是我们可能会在寄居于诗歌之上的“奇异队伍”中发现什么，而与此同时，当他选择拾起笔来再次写作之时，他将会向读者们奉上怎样的愉悦体验。他在诗歌中向自己的赞助人致意，呼吁后者向他提供更多的经济支

1 乔治·加斯科因，The steele glass. A satyre co[m]piled by George Gascoigne Esquire. Togither with The complainte of Phylomene. An elegie deuised by the same author. （伦敦：Henrie Binneman for Richard Smith 出版，1576），1132-1134 行。

持："我的大人，让这盖上的玻璃杯跃动起来，/我那可怜的灵感缪斯正是时候眨眼了"，随即，他又写下承诺：

> 若是我的玻璃杯的确喜爱我那可爱的大人，
> 我们便将发现，在某个阳光明媚的夏日，
> 再次翘首观看，就看到正合时宜的景观。

在诗歌这里，以及我们已经在康宁短片和莎翁作品中看到的一样，玻璃镜子代表的是对未来的期许，而加斯科因的诗歌本身便组成了这样一块玻璃，并盛邀读者们来渴望它。诗人的赞助人和诗人本身，在共同凝视进玻璃之时也聚集在了一起。阅读或者望进一面镜子并非什么孤立、自恋的举动：相反，此类行为反而会打开沟通、合作的大门。

在莎士比亚和加斯科因的想象世界中，玻璃既可以回顾过去，又能畅想未来，并且还可以使过往重新焕发生机。班柯看到他尚未出生的子嗣，但对于观众而言，这些人却是已逝去的几代。故而可以说，镜子对于观众而言也起了一定作用，那便是敦促他们独善其身，以做到和先辈们一样。在《麦克白》的推测创作完成时间之前十年左右，乔治·普登汉姆在自己的作品中作出这样的假想“这世上，最能够给予我们享受，鼓舞我们精神的，莫过于注视着镜子，看到的是我们已逝先祖那栩栩如生的形象，他们那高尚的，洋溢着美德的生活方式，以及其他一些真正的特质……而这些特质……我们始终熟记于心”[1]。镜子，不但能够推测未

1 乔治·普登汉姆，《英国诗歌艺术：批判性版本》，编辑：法兰克·维翰姆与韦恩·A·芮伯霍恩（伊塔萨与伦敦：康奈尔大学出版社，2007），129.

来，同时还能将属于过去的面庞召唤至脑海。即使是在这里，镜子也唤起了过去的记忆来激励着生活在当下的我们，向我们注满生机，同时也提供了范例，激励着我们如何向着未来前行。

《少数派报告》

在《少数派报告》（斯蒂芬·斯皮尔伯格执导，2002）中，玻璃这一被想象出来的展现未来的特性，也得到了令人印象深刻的描述。这部影片向我们许下一个关于未来的诺言，那便是人类有可能只需刷动单手，便能够在玻璃屏幕上调整静态和动态图片的位置和尺寸。甚至，也许更为重要的是，有些人想象着自己在完成这一动作时，如同化身成为了汤姆·克鲁斯。在我们的集体文化回忆中,，也许最易于回想起的便是这部影片中通过手势滑动来操纵数字信息的情节，然而，克鲁斯所扮演的角色

图 4　汤姆·克鲁斯通过拨号使得另一个男人的人生历程呈现在屏幕上（剧照来源于《少数派报告》，20 世纪福克斯和梦工厂制片）。

的种种举动中最能够引起共鸣的地方不仅仅在于在屏幕上捕捉和滑动信息，随着可触屏幕科技的发展，这种场景已经随处可见了。

015 鉴于《少数派报告》中玻璃屏幕上的图片是关于某人的生命中所经历的谋杀事件场景，这一过程的力量在于能够审视某人灵魂深处的能力。不可置疑的是，这洞察的目光望进的不仅仅是人物的内心活动，同时也审视着他或她的未来渴求。《少数派报告》中的玻璃将近未来的场景可视化，比如说，电影中“预犯罪”部门的警官们就试图在谋杀发生之前便将其扼杀在摇篮里。

执念于别人的人生中某个瞬间，到底有何吸引力呢？正如埃德加·爱伦·坡作品中常常出现的被盗窃的信件，搬弄是非的心，以及其他带着忏悔意味的物件一样，《少数派报告》中的玻璃墙述说着那在我们的朋友和邻居面孔之下沸腾着的浮想联翩的冲动。看着克鲁斯在透明平面上操纵虚拟物件，我们也不禁想起了玻璃本身便是一种颇为特别的物件——它往往不被看作是**一种物品**，因为我们常常只是透过它来看其他东西。在谷歌眼镜问世前十年，《少数派报告》中出现的这一玻璃物件便挑动起我们的好奇心，满足了我们的奇思异想，并将他人的人生经历投放到虚拟空间中。

电影以一些之后会在玻璃屏幕上出现的场景展开，镜头先是聚焦到一名“先知”的眼睛(处于半晕厥状态的通灵师躺在一池水面上，等候着关于即将发生的谋杀的先知幻象出现)，而后镜头转向刻着未来罪犯和受害者名字的木球上。为了能够操作将思想翻译成屏幕显示画面的高科技技术，需将几片貌似是用来存储信息的玻璃插入克鲁斯的角色所操纵的显示器旁边的插口里。在本片的这些场景中，玻璃不仅仅是一个关键因素，在警官调查预犯罪案件时使用的显示器中也不仅仅只具有交互性[1]。借用埃德蒙·斯宾塞所著《仙后》中的一句话，斯皮尔伯格的世界是“用玻璃制成的”。举个例子，在一幕中，看起来好像枪击者是某个人，但实际上这一画面不过是一面大幅广告牌在玻璃上的倒影而已。受害者被子弹击中，倒下，从玻璃中穿过摔落。克鲁斯走进一家 GAP 服装店的玻璃门，门边的一名售货员的全息图像向他问好。警探们透过一扇巨大的玻璃窗户

---

1 像三星，Planar Systems 和 Lumineq 一类的公司已经研发出了影片里描述的透明展示平板产品了。三星的一款产品叫作“智能窗户”，这一名称直接暗示着玻璃的存在论智能性。这一产品靠使用阳光，而并非电流来保持背光。Planar 和 Lumineq 两家公司正在研发一款叫作“头戴式展示”的产品，可与用户的视线相齐平，针对用户所见产生相关信息。例如说，这一产品可以放置于一辆汽车的挡风玻璃底座上，并呈现出速度，交通情况，以及可能会产生的障碍等等情况。正如我们所见，这一类的展示平板在《碟中谍—鬼影约章》和《美国队长：冬兵》当中被设计成了挡风玻璃的一部分。这一类的产品也应当出现在康宁的影片《玻璃造就的一天》中的住宅里。

紧盯着有预言能力的通灵者们。在警察总局，房间是由移动的玻璃隔墙分隔而成的，人们则由像是单人升降电梯一样的玻璃平台承载运输着。玻璃显示器可以靠扫描对象的视网膜来识别出个人，并提供相应的个性化营销信息。

在开场场景中出现的主要焦点物件，一台玻璃控制面板，是向菲利普·狄克的短篇小说里出现的物件致敬，这部电影就是从该小说改编而成的[1]。在原版短篇小说中，给予警探们关于犯罪的预知线索的并非是玻璃隔墙上的图像，而是一叠打孔卡。当先知预见了安德顿（克鲁斯饰演的角色）正在犯下一桩谋杀的场景时，似乎他犯罪已经是板上钉钉的事儿了；从这里开始，电影里便展开了追捕罪犯的场景以及关于命中注定的宏大的哲学命题的探讨，

1 该同名短篇小说出版于1956年——译者注

不管在小说还是电影里，这二者都作为主线存在。在小说的若干场景中，书中都描述道，安德森被他的对手“陷害”。“Frame”这一术语，既可以在犯罪刑侦类型作品中表示“陷害”，同时又是玻璃技术中的常见词汇。除此以外，我们还可以说“framing”（构造，构建）这个词还和涌动的欲望有着紧密的联系。将某个物品框起来，往往暗示着这件东西所具有的价值，或者将注意力吸引到它所具有的某些迷人特性上。诬陷某人犯罪，令其符合抓捕和定罪的需要。相应的，诬陷他人的这一过程则会给实际犯下罪行却得以逃脱惩罚的作案者带来快感。随即，安德顿便开始怀疑——随后他的猜测又被一个救了他性命的神秘干预者所证实——是他的妻子策划了整个密谋，而他相信，妻子已经移情爱上了一个年轻男子，于是便诬陷他犯下一桩和他毫无干系的谋杀。在小说中，作者仅短暂地提及了一台用于拨打视频电话的电脑屏幕，除此以外，全篇几乎都没有再提到玻璃。整个故事中随处可见狄克典型的写作风格：政府和军方共谋，多重时间线，以及混杂着冗长单调和恐吓风格的官僚主义。

在电影中，官僚主义和政府阴谋论的话题有所提及，整个叙述中更多宣示的主题则是关于家庭欲望和性欲望的。驱使着克鲁斯所扮演的安德顿的心理问题，其实是他对于自己那失踪孩子解不开的心结，而这一点也将解释他为什么会有可能犯下谋杀的罪行。在安德顿似乎被栽赃陷害的若干年前，他的儿子便被绑架了。在早先的一幕场景中，安德顿与一部投影的影片中出现的早逝的儿子有过互动。在这一幕当中，玻璃扮演了一个角色，因为这部影片是由映射到墙上的全息图像构成的，而这些图像数据则是存储在清晰的玻璃幻灯片中的。看起来，这些空白的，透明的方形玻璃片上空无一物。然而，这些玻璃片上显然存储着大量的数据，而这体现了玻璃作为高科技的神奇功能的载体的一面。从多个层面来讲，电影中的交互性玻璃相当于是一台可多个方向操纵的时光机。它可以将安德顿传送回过去，当他复述着全息图像中的对话时，就好像交互性玻璃真的将他送到了过去的场景中，将他已失踪的儿子送回他的身边。同时，玻璃也将这孩子传送到了现在——当安德顿一遍又一遍重温着他们的美好亲子时光时，孩子一直保持着年轻的样子。自然，玻璃也可以将某人传送到未来，片中的预犯罪便是例子。鉴于在这些预犯罪图像中，是安德顿出现在他即将犯下但还未犯下的犯罪场景中，故而这些图像也将他置于一个全新的时空当中。在这些预言图像中，安德顿看到自己的形象回望着现在的自己。电影从始至终，镜头一直都在突出展现着人类的眼睛。这是斯皮尔伯格在向希区柯克致敬[1]，同时也是在强调着，片中未来世界中的高科技眼镜使得人们能够更加充分、坚实地审视周边环境。而实际上，克鲁斯扮演的角色对一种叫作“明晰”的药物上瘾，而卖给他这种药的药贩子是一个眼球被摘除了的男人，这里强调了过度使用视力对人的健康有所损害。

影片结尾处，安德顿和妻子最终得以和解。在电影的最终版本中，先知阿加莎预见并描述出安德顿和妻子在未来会孕育的孩子。在小说的结局中，将展现出一个更为公正的社会(先知们也将被允许过上正常的生活，而预犯罪刑侦的道德标准也将得到规范)，眷属终将团聚，并再次诞下爱的结晶。电影版本的情节

---

1 在希区柯克的电影中，往往运用偷窥镜头来叙述故事，推动情节发展。——译者注

和原著在这一点上有共同点，因为影片经历了
019 多个映像的再现阶段：首先，逝去的孩子出现
在了玻璃屏幕上；接下来，安德顿是凶手；现
在，在先知的心灵之眼中，安德顿将以他孩子
的形象被重现，而这孩子的特征便是他“奔
跑”的能力——而逃跑，正是安德顿贯穿全片
的行为。

显微镜视角

关于玻璃的历史的故事，就是关于探索和发现的故事。显微镜和望远镜使得人类对于其他世界和遥远国界的想象成为可能，转而成就了人类对远方的探索和殖民。玻璃在科学革命中也扮演了举足轻重的角色，中世纪和文艺复兴时期的思想家们运用多种多样的玻璃工具——例如棱镜，镜子和透镜——在这些工具的帮助下，他们对数学领域有了新的领悟，也在对光线的操作上有了进步。时至今日，玻璃仍然在科学实验和工具中充当着重要角色，尤其是在气压表、温度计、烧杯、温室和各种棱镜中都是不可缺少的元素。

据说，显微镜是在16世纪时期由荷兰眼镜
021 商在实验时，把两片透镜装到一起发明出来
的。[1]在伦敦皇家协会的第一期出版物《显微术》（1665）中，罗伯特·胡克[2]详细描述了他透过显微镜得到的一些观察结论。该书描述了一个长时间以来对人类肉眼不看见的世界并配以了插图：例如针尖，跳蚤的躯干。

塞缪尔·佩皮斯[3]在熬夜到凌晨两点读完

1 一些书籍中记载，早在1590年，荷兰眼镜商詹森（Hans Janssen）和他儿子扎卡里亚斯（Zacharias）发明了一个粗糙的组合显微镜，是由一根直径1英寸、长18英寸的铜管把一个凹面镜和一个凸面镜组合在一起。然而詹森父子似乎并没有使用这个放大装置做出任何有价值的观察。——译者注

2 罗伯特·胡克（Robert Hooke，1635－1703），英国博物学家、发明家。他将自己用显微镜观察所得写成《显微术》一书；“细胞”的英文cell，即由他命名。——译者注

3 塞缪尔·佩皮斯（Samuel Pepys），17世纪英国作家和政治家，任海军大臣期间，为日后英帝国统治海洋打下了坚实的基础。佩皮斯曾任英国皇家学会会长，以会长的名义批准了牛顿巨著《自然哲学之数学原理》的出版印刷。——译者注

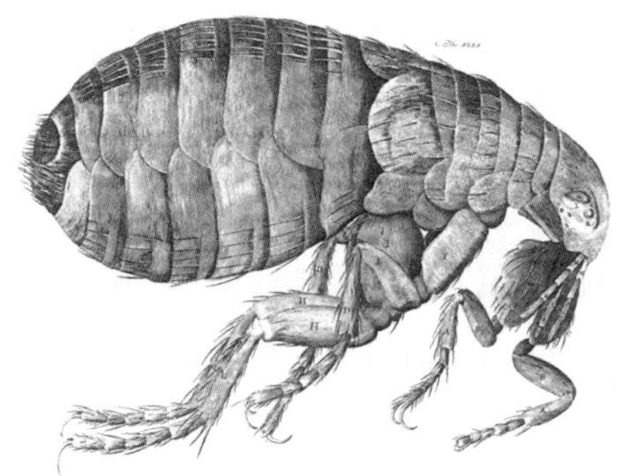

图5　看起来从未如此动人过的跳蚤（罗伯特·胡克，《显微术》）

《显微术》之后，他将此书称为“我此生中读过的最惊为天人的书籍”。胡克将显微镜描述为人类自身打开新世界大门的工具：

> 透过望远镜，这世上没有什么东西可以远到不能呈现在我们的视野内；而借助显微镜，则没有什么东西可以小到能逃离我们质询的目光；正因如此，一个全新的可见世界得以被人类感知和发现。通过这两种工具，天堂之门向我们敞开，无数曾经未知的新星、初被发现的新天文运动、崭新的诞生，涌现出来，而古代的天文学家对这些事物一无所知。在这工具的帮助下，就连地球本身，这颗与我们近在咫尺，甚至就在我们脚下的星球，也在构成它的每一颗粒中展现出其全新的一面；现在的我们能够看到各种各样的生

物，正如同过去的我们能够推测出整个宇宙一样。[1]

对于胡克而言，望远镜和显微镜开启了一个新的时代。文艺复兴时代的作家们向古希腊罗马时期的思想家们致敬，而在这里，这些古

人却被认为是这一在有所协助的人类肉眼下可
见的知识领域的“门外汉”。胡克在这个短摘 022
要里使用了五次“新”这个词，以激发读者们的兴奋感：那就是在玻璃协助之下人类有所拓宽的视野，造就了新的质询，新的星星，新的生物，以及对其他存在于我们世界内外的新天地的感知。

---

1 罗伯特·胡克，《显微术：或者是通过放大窥镜对微小生物做出的一些哲学性描述，观察，以及调查》（伦敦：Jo. Martyn and Ja. Allestry出版，1665.）

弗朗西斯·培根[1]未能完成的乌托邦小说，《新亚特兰蒂斯》（1627），便预示了胡克的《显微术》中确切的观察成果引起的兴奋。在小说中，前来拜访一个岛国文明的游客们发现了所罗门之家，在那里居住着一群参与实验，分享知识的科学家。《新亚特兰蒂斯》打造了皇家学院的蓝图。[2]一名皇家学院的“谦虚的崇拜者”在其成立不久后写道：“你们真心是以

---

1 弗朗西斯·培根（Francis Bacon，1561－1626），著名英国哲学家、政治家、科学家、法学家、演说家和散文作家，是古典经验论的始祖。亚特兰蒂斯（Atlantis），又译为大西洲，是世界文化史研究中的一个疑谜。关于大西洲传说的最早记录是在希腊哲学家柏拉图的对话录中，其中详细记述了亚特兰蒂斯的故事，传说在1.2万年以前，在亚特拉提斯大陆上存在着高度发达的人类文明。这一富有科幻色彩的传说引导着后世不断创造着充满想象力的作品，培根的这部《新亚特兰蒂斯》便是其中一员。在这部作品中，培根将这个大陆置于秘鲁附近的太平洋中，和新被发现的美洲大陆做出了联系。——译者注

2 约瑟夫·格兰维尔，Scepsis Sientifica or contest Ignorance，the way to science；in an Essay of the Vanity of Dogmatizing，and confident Opinion，with a Reply to the Exceptions of the Learned Thomas Albius（伦敦，1665；重印，伦敦：Kegan，Paul Trench & Co 出版社，1885），125.

往时代只能在愿景和浪漫的描述中设计出的存在；《新亚特兰蒂斯》中的所罗门之家便是皇家协会的预言性的设想。”通过这里“愿景”和“浪漫”两个词语的使用，我们可以察觉，这个崇拜者对于培根著作和皇家历史科学学院之间联系的描述，以及我们自身的痴迷：那便是科幻作品不仅能预测未来，同时也塑造了我们当下的充溢于科技创新的欲望，这二者之间，竟如此相似。培根的书中描写了一个居民盘点科学家们共用的设备仪器。[1] 这一存货清单中包括了显微镜，正如胡克所描述的一样，这一工具使其用户得以审视新的世界：

---

1 皇家学会的诞生也许是因为时代需求，而非因幻想所需。能够发现这些隐形、崭新世界的科学设备，例如望远镜和显微镜，在当时十分昂贵。Lorraine Daston 和 Katharine Park 提到“自然哲学是具有交际性的，因为它变得具有协作性了，而它变得协作性不仅仅是因为它的事实性，而同时也是因为艺术资助者们不愿去支付助手和设备一类的费用。”Lorraine Daston，Katharine Park，《自然的奇迹与秩序：1150—1750》（纽约：Zone Books 出版社，2001），245—46.

> 我们也用玻璃和工具来观看微小的身躯，看得清清楚楚，明明白白；小蝇与蠕
> 023 虫的形状和色彩，谷物，宝石上的瑕疵，而这些若没有这工具的帮忙是看不到的，尿液和血液中的观察现象，若是脱离了显微镜，也是看不到的。[1]

在所罗门之家，棱镜和玻璃还能使视觉错觉以及其他光学特效得以发生：

> 我们制造人工彩虹，制造光晕，制造光圈。我们同时也呈现一切关于反射、折射和物体的视觉光线的叠加。[2]

1 弗朗西斯·培根，《培根随笔集》，编辑 Brian Vickers（牛津：牛津大学出版社，2002），484.

2 同前，485.

而这些新奇事物的发明者也得以极力颂扬：

在两条长而优雅的走廊里。在其中一处，我们放置着各式各样的新奇、卓越的发明物；在另一条长廊中，我们安放着所有重要发明家的雕像。我们将在那里发现著名的哥伦布，是他发现了西印度群岛，还有船只的发明者，以及发明了枪支火药的那位僧侣[1]，除此以外，音乐的发明者，字母的发明者，印刷的发明者，天文学观测的发明者，金属锻造的发明者，玻璃的发明者，……这一切都是你们的传统所不及的。[2]

1 欧洲人尤其是德国的一些火器史研究者，认为德国有个名叫贝索特·斯瓦尔茨（Berthold Schwartz）的僧侣，是火药发明人——译者注

2 弗朗西斯·培根，《培根随笔集》，编辑 Brian Vickers（牛津：牛津大学出版社，2002），487.

上文中给出的发明者雕像的例子之间的相
024 互联系暗示着玻璃的技术在人类不断进步的想象与创造进程中的重要角色。哥伦布和船只的发明者马上使我们想起，人们先意识到了这世界实际上要比想象中的大很多，而用于扩展视野的新工具帮助我们缩短了触及这些新地区的距离，这才促进了开拓新天地的殖民事业。玻璃的发明者紧随着音乐和文字的发明者之后被提及，暗示着文学艺术也受到了玻璃技术方面的革新的启迪。

一个令人惊叹的例子是，约翰·邓恩[1]的诗歌《跳蚤》（1633）便是受到了显微镜视野下的想象可能性的启发而书写成的。这首诗以一种戏谑的方式利用了显微镜的能力，来想象

1 约翰·邓恩（John Donne，1572－1631），英国詹姆斯一世时期的玄学派诗人，他的作品包括十四行诗、爱情诗、宗教诗、拉丁译本、隽语、挽歌、歌词等——译者注

微小事物内部的全新世界。一只跳蚤的躯体，便是一处生理空间，这空间极小，但却拥有包含另类世界的能力，还藏有无数不可能的可能性。这首诗描绘的场景表面上极为简单：一只跳蚤咬了独白者和他的情人，于是二人的血液便得以融合。他们的血在跳蚤体内的混合可算作性关联中的一种，同时也导致二人的关系算得上是一种接近婚姻的状态。因此，这对情人不发生性关系便说不过去了。独白者坚持声称，这只昆虫“是你与我，还有这个/我们的婚床，我们婚姻的殿堂”，这么一来，不仅将这只跳蚤的躯干转变成了二人的圆房之处，也将其视作这桩爱情被隆重庆祝的圣地。[1]

OBJECT LESSONS

在跳蚤体内，外界所不容的，被给予了合理合规的地位，除此以外，跳蚤身躯内的空间

---

1 约翰·邓恩，《英国诗歌全集》（纽约：企鹅出版社，1996），58—59。

中包含了一桩已实现的姻缘，而独白者对情人的极力劝说预测了一桩在现实世界中也将发生
025 的关系，这便搅乱了常规的空间/时间。跳蚤体内空间的创造性逻辑使其兼具说服和满足的功能——这样一来，就算这男欢女爱在真实世界中遭到了阻挠，这首诗也允诺了圆满的结局，这首诗歌复杂而超乎现实的空间性在下面这句中体现得淋漓尽致：（二人）“在这墨玉一般活生生的墙壁里/相遇，并与世隔离”，这暗示了跳蚤体内有着足够大的虚拟空间来容纳这对爱人、二人的婚床和一座殿堂，但是这处空间仍然被树立的高墙围绕，与外界隔绝，限制着随意进入。无可厚非，“墨玉”一词也有可能隐含着这首诗歌被印刷所使用的黑墨水。跳蚤体内的虚拟空间存在于我们的真实世界之中，抑或与之平行共存，但它那不可渗透的界线只能被这对情人的欲望和想象力所穿越。

胡克的著作和邓恩的诗歌中共同描述了一只跳蚤的身躯，而这正是人类视野有所提高的强劲例子。在哲学论述著作《新工具论》(1620) 中，作者培根也将玻璃所具备的发现新世界的能力当作一个重要的技术成就，在书中他写道：

> 最近发明了一种眼镜，通过很大程度上放大事物的外观尺寸，向我们揭示了那不为人知，难以肉眼看到的微小躯体，以及它们那隐藏着的构造和行为；借助于这类仪器，我们得以看到一只跳蚤、苍蝇、蠕虫的确切形状和轮廓，以及从前难以观察到的色彩和动作，真是让人无不惊讶。[1]

---

1 弗朗西斯·培根，《新工具论》，编辑 Lisa Jardine 与 Michael Silverthorne（剑桥：剑桥大学出版社，2000），171.

显微镜的来临，使一种最常见不过的寄生虫摇身一变，成为了科学家念念不忘的迷恋，和诗人笔下情欲的潜在发生地。以至于培根所说的，玻璃使我们面对日益增长的知识，拥有了更为开阔的视野，与此同时，玻璃还激发了一种“惊讶之情”，在面对不期而遇的陌生事物之时，不论这事物是以不可见的跳蚤，还是以浪漫关系的形式出现，我们总是期盼着能从异常迷人的经历中寻到一丝“惊讶”的感觉。

望远镜视角

虽说望远镜并非是伽利略[1]发明的，但其意大利语“telescopio”（望远镜）却是在1611年被创造出来专门描绘伽利略的科研工具的，这一词汇组合了希腊语中意为“遥远的”前缀tele和意为“去观望，或看见”的词根skopein。这一意大利语词在1619年以其拉丁语形式telescopium被英语吸收，随后变形为“telescopioes”，最后改善为最终形式“telescope”。

1 伽利略（Galileo Galilei，1564－1642），意大利物理学家、数学家、天文学家及哲学家，科学革命中的重要人物。其成就包括改进望远镜和其所带来的天文观测，以及支持哥白尼的日心说。——译者注皇家学院的成员之一，罗伯特·胡克的合作者，罗伯特·波义耳[1]，在其著作《天使般的爱》（1663）中描述道："伽利略的光学镜工具，……其中一种便是望远镜，我记得我在佛罗伦萨见过。"在约翰·弥尔顿所著《失乐园》（1667）中，一处描述了撒旦的知名典故里伽利略还客串了一把：

那大魔王便向岸边走去；
他那天上铸的沉重的盾牌，
坚厚，庞大，厚实，安在背后；
那个阔大的圆形物，
好像一轮挂在他的双肩上的明月，
就是那个托斯卡纳的大师在落日时分，

1 罗伯特·波义耳（Robert Boyle，1627－1691），爱尔兰自然哲学家，在化学和物理学研究上都有杰出贡献。虽然他的化学研究仍然带有炼金术色彩，他的《怀疑派的化学家》一书仍然被视作化学史上的里程碑——译者注

于菲耶索莱山顶，或瓦尔达诺山谷，
用望远镜搜寻到的
有新地和河山，斑纹满布的月轮。[1]

当诗中提到撒旦的盾牌如同一轮曾被“托斯卡纳的大师”搜寻到的明月之时，弥尔顿指的便是伽利略，他在这一长篇史诗出版前二十五年便溘然辞世了。作者在这里使用的用来表示望远镜的词语是“光学镜”（optic glass），正是借鉴了波义耳的语句，并突出强调了在作为工具被认知的望远镜中，玻璃是关键的组成成分。

作为神祇的撒旦和望远镜之间的联系，证实了这一新工具的革新能力。在文艺复兴时期

1 约翰·弥尔顿，《失乐园》，摘自《英国文学诺顿选集 B 部：16 世纪与 17 世纪早期》，编辑 Stephen Greenblatt，Katharine Eisama Maus，George Logan 与 Barbara K. Lewalski（纽约与伦敦：W. W. Norton & Company 出版，2012），1945—2175.

发明的新型玻璃工具引起了广泛的惊叹，而当欧洲探索家们到达美洲之时，土著居民也对来客和他们带来的这些工具报以相同的惊叹。托马斯·哈里奥特[1]在1590年到达了罗阿诺克岛并和那里的土著居民有所接触，他记录道：

> 我们带来的大部分物品，例如数学工具，航海指南针，磁石吸铁的功效，可以看到许多新奇事物的望远镜，取火镜，野外篝火，火枪，书籍，书写和阅读，看起来完全自动的发条钟表，以及许许多多我们的其他东西，对于他们而言都如此奇怪，远远超出了他们的认知能力，他们不能理解这些物品被制成的原因和方式，故

1 托马斯·哈里奥特（Thomas Harriot，1560－1621），英国天文学家，数学家，翻译家。哈里奥特毕业于牛津大学，1585年参加格林魏里的探险，参与了新大陆部分地区的测绘工作。——译者注

> 而便相信，这些并不是人类而是神制造的，至少也是神祇赐予、教授人类的工艺。[1]

正是因为美洲土著居民将欧洲探险家视作神或者神的学徒，这更加证实了玻璃可以赋予的无穷神奇力量。

伽利略大大提高了望远镜的性能，在这一 029
工具的帮助下，他作出了一系列天文观测，观测结果支持了哥白尼的宇宙模型学说而驳斥了托勒密的理论[2]。伽利略的光学镜使人类不再处于宇宙中心地位——星星和行星不再绕着地

---

1 托马斯·哈里奥特，《关于弗吉尼亚新大陆的一封简约而真实的报告》，编辑 Paul Hulton（纽约：Dover 出版社，1972），375—76.

2 哥白尼（Nicolas Copernicus，1473－1543），文艺复兴时期波兰数学家、天文学家，他提倡日心说模型，提到太阳为宇宙的中心；托勒密（Claudius Ptolemaeus，约 100－170），希腊数学家、地理学家、占星家，他把各种用均轮和本轮解释天体运动的地心学说给以系统化的论证，后世遂把这种地心体系冠以他的名字，称为托勒密地心体系。——译者注

球旋转了。而与此同时，这一玻璃制成的工具也肯定了人类在宇宙中的地位，我们是唯一能远距离观望宇宙并“搜寻新地”（借用弥尔顿的话）的凡人存在。在文艺复兴时期，关于新地乃至新星球甚至是有可能有生命居住的星球的讨论在社会上下得到了热烈的传播。罗兰·格林在文艺复兴时期的文学创作和科学发现之间建立了联系，将意识到其他世界的存在标记为“构成早期现代思维形态的元素之一”[1]。人们对发现新世界持有的兴奋之情不仅仅存在于上文提及的关于显微镜的引文当中，在同时期出版的一些书籍的题目当中也不难发现这份感奋，例如约翰·威尔金斯的《关于一个新世界和另一颗行星的讨论》（1638）以及伯纳德·

1 罗兰·格林，《斯宾塞造世的启蒙读物：极乐世界荫蔽的他性》，摘自《造世的斯宾塞：早期现代的探索》，编辑 Patrick Cheney 与 Lauren Silberman（列克星敦：肯塔基大学出版社，2000），9.

勒·博伊尔·丰特内尔[1]的 《世界的多元性对话》(1686)。格林关于现代早期世界的建立催生了“非现存的，可替代的世界”之新领域的论点，正和文艺复兴时期诗人们透过显微镜或望远镜试图想象一个幻想世界的努力不谋而合。[2]

丰特内尔的著作描述了故事讲述者和一名 030
女侯爵之间的对话，二人在后者的花园里夜游观星。二者的对话概括了17世纪（以及早期）关于其他可能存在的世界的思想成果，甚至还

---

1 伯纳德·勒·博弈博伊尔·丰特内尔（Bernard Le Bovier de Fontenelle，也有拼写为 Bernard Le Bouyer de Fontenelle，1657－1757），法国散文作家。他不是科学家，但他对科学主题特别注重，被视为是欧洲启蒙时代的开拓者。——译者注

2 雷纳·卡拉斯论述过，文艺复兴时期的诗人们为了叙述诗意创造过程，抓住了从“框架”到“视角”到“反射”的不同话题。事实上，英文中的“poetry”一词来自于古希腊语中代表创造的词语：poesis。诗歌的创造所对应的，正是建筑和手工艺匠人的技术性和材料性的操作过程，特别是在玻璃材质的操作范畴内。 雷纳·卡拉斯，《框架，玻璃，诗篇：英国文艺复兴时期诗歌发明的技术》(伊萨卡与伦敦，康奈尔大学出版社，2007)。

猜测在这些星球上也许有生命存在。这一作品在科学史上同样扮演了意义非凡的角色，女侯爵活跃地质疑并批判着对话中提及的理论思想(丰特内尔个人是两性接受平等教育的支持者)。同时，从事丰特内尔这本书（该书英文名为《发现新世界》）的翻译工作的首批译者之一便是一位女诗人兼剧作家，阿芙拉·贝恩[1]。这本书后来在英格兰和法国的女性中成为经典读物之一。贝恩本人就被其他世界存在的可能性所深深吸引，她也致力于塑造读者对于丰特内尔对话中的女性形象的积极认知。[2]

1 阿芙拉·贝恩（Aphra Behn，1640? - 1689)，被称为英国第一位女性作家，不仅因为她是英国第一位以写作为生的女性，也因为她对英国文学界作出了卓越的贡献。她对种族问题和女性问题的思考尤受重视。——译者注

2 见玛格丽特·W·弗吉森《“带着对上帝之言的尊重”：阿芙拉·贝恩作为圣经的怀疑性读者和丰特内尔的批判性译者》，摘自《阅读女性：大西洋世界的文学作者身份和文化，1500—1800，编辑 Heidi Brayman Hachel 与 Catherine E. Kelly（费城：宾夕法尼亚大学出版社，2008)，199—216.

事实上，弥尔顿曾赴瓦尔达诺造访过伽利略，并亲眼见过他的望远镜。伽利略的望远镜在允许他的视野通向其他世界的同时，也极为戏剧性地缩小了他自身所处的世界。由于天主教会判定伽利略支持日心说的行为是异教邪说，伽利略不得不在软禁当中度过了他生命中的最后时光。如此看来，用怀疑的目光看待世界会引来牢狱之灾。然而，就算肉体被禁锢，去幻想其他世界也不失为一种逃离现实的途径。

耳环与风景

与约翰·弥尔顿同时期的作家，玛格丽特·卡文迪许[1]在她的诗歌中也展现了科学革命和由显微镜视角激发出的想象力之间的共振。她所著的诗歌《一只耳环里的世界》中(1653)对我们世界当中可寻的千千万万个世界做出了富有想象力的描绘。她将自己那富有诗意的目光投向了一件再简单不过的珠宝：

1 玛格丽特·卡文迪许（Margaret Cavendish，1623－1673），是第一位在英格兰以本名出版的女性，她的作品形式多样，题材涵盖范围广泛，从性别，权力，科学方法到哲学思想。她被某些人称为科幻教母，其作品内涵往往预示着现代自然主义。——译者注

一只圆形耳环可能是一圈星座
一个太阳在其中运动，我们却无法看见
七颗行星也许会围绕太阳运动
而他，像智者许可的那样，站着一动也不动
不变的星星，如同被放置的闪烁的宝石
这只耳环啊，里面有广阔的世界[1]

作者将一个女人的耳环描述得如此辽阔，就如同我们所处的大千世界一样，这是前所未有的。每一行诗，都是对这微型世界中可见之物的补充：牲畜，闪电，雷鸣，瘟疫，矿井，黑夜，白昼，城市，海洋，牧场，花园，教堂，还有集市。关于这个小世界的信息向我们涌

1 玛格丽特·卡文迪许，《纸质体：一名玛格丽特·卡文迪许的读者》，编辑 Sylvia Bowerback 与 Sara Mendelson（纽约，奥查德帕克：宽视角出版社，2000），253—54.

来，就好像我们在飞速地研究一张地图似的："这里有刺骨的霜冻"，"这里是牧场"，"这里坐落着教堂"，等等。这张清单飞速地闪过，直到诗歌收尾处，卡文迪许终于放慢了节奏，转笔详述一对浪漫情侣：

032

这里的一对情人哀痛，但却不是在抱怨
死神为其中之一挖下了坟墓，于是
一个爱人在一名窈窕淑女的耳垂上，逝世了
但当这耳环破碎之际，便是这世界完结之时
这对爱侣便前往了极乐世界

这首诗中结合了许多贯穿本书的与玻璃相关的元素。一方面，我们可以看到玻璃作为视觉方面的辅助工具的功能：叙述者凝视着一个显微视角下的世界，发现了惊为天人的事物。与此同时，我们通过显微镜，看到的不仅仅是这世界的真实面目，也窥见了它有可能成为的模样。越过玻璃来看这世界，加速了时间，于是我们看到一个人在为他的爱人哀痛，而随即画面就转为这只耳环破碎，世界终结，这二人都超度到了来生。

从另一个层面来讲，我们也可以发现玻璃作为一种反射工具存在；换言之，当我们端详着一只耳环的表面时，一方和我们的世界如出一辙的天地便映入了眼帘。卡文迪许告诉我们，这个微型世界由细小的点点粒粒构成，这些微粒是我们现实世界中充斥着的大一些的物体的镜像。从某种程度上而言，卡文迪许的这首诗预言了戈特弗里德·威廉·莱布尼茨提出的“单子论”，其中一个观念便是，小的粒子是其他粒子的镜像存在。莱布尼茨于 1698 年，对这个充满微小镜像颗粒的世界作出了以下形容：

> 每一部分自然都可以被看成是一个遍地长满植物的花园和水中游鱼攒动的池塘。而植物的每个枝杈、动物的每个肢体、它的每一滴汁液都有这样一个花园和这样一个池塘。[1]

033 他构想，这些物质的颗粒，也就是“单子”，便是“宇宙的一面永恒的活的镜子”——正如人的灵魂一般。[2]

从第三个层面上来讲——这个层面将我们带回到关于玻璃的种种思想中最为关键的一

1 戈特弗里德·威廉姆·莱布尼茨，《单子论》，译者 Robert Latta（伊萨卡，康奈尔大学出版社，2009），76 部分。

2 同上，56 部分与 77 部分。

缕，也是我们贯穿全书都在提及的——这首诗的主题是关于**欲望**的。卡文迪许这首诗的最后五行将视角拉近，聚焦到一对恋人的故事上，这暗示着，当我们更近地凝视着这个世界之时，我们终将会回到爱情欲望这一基本元素之上。这一场景呈现出深沉的混合与交融：恋人的欲望和哀痛；他们被掩入坟墓，却仍在奔跑；一名浸在浓厚的基督教文化社会环境中的作家却将她笔下的恋人放置在古希腊的大背景中，描述了异教的来生，极乐世界（Elysium）[1]。这是一个绝妙的结局，使得这首诗看上去沉浸在幻想力当中。也就是说，虽然一名恋人死去了，我们却没有听到抱怨声。随后，即使世上最为灾难性的世界有可能会发生，“但当这耳环破碎之际，便是这世界完结之时”，诗歌仍然打

1 Elysium是希腊神话中存在的一处超脱于冥府的世界，是一个来世观的理念。——译者注

开了一扇通往质朴宜人的天地的门，在那里恋人们身心都无比自由，脱离了耳环这个狭隘的空间，进入了属于来生的，超越世界的共享空间。极乐世界，是耳环世界的尘世镜像（而这耳环世界本身就是真实世界的镜像），在诗人富有想象力的显微镜视角之下，不再藏匿，展现了出来。

安德鲁·马维尔[1] 的《关于艾普尔顿庄园》（1651），对显微镜和望远镜都作了间接影射，与此同时，玻璃工具和马维尔对世界的诗意化刻画的能力是紧密关联的。在这首对托马斯·费尔法克斯的乡村庄园的赞歌当中，诗人将他对庄园的回忆比作透过玻璃望去的过程。在他诗歌那“素净的画面”当中，他对牛群作出了

1 安德鲁·马维尔（Andrew Marvell，1621－1678），17 世纪英国著名的玄学派诗人。玄学派诗歌的突出特征在于对一种新颖的意象和奇特比喻的运用，诗歌语言口语化，节奏和韵律有很大的灵活性，主题复杂，充满了智慧与创造力。——译者注

以下描述：

034

似乎在那擦亮的草丛中
窥镜中呈现出一幅风景
在巨大的牧场风光中缩小成了
斑点，具有面庞上斑点的形状
这一群跳蚤，在他们映入眼帘以前
呈现在放大镜面之上
择食之广，行动之慢
就如同天上的星座一般[1]

诗人在采取了“窥镜”，或者说是镜子的视角的同时，就意味着他的诗歌可以呈现出一片田园景象，准确反映现实世界中的自然风

---

1 安德鲁·马维尔，《关于艾普尔顿庄园》，摘自《英国文学诺顿选集 B 部：16 世纪与 17 世纪早期》，编辑 Stephen Greenblatt, Katharine Eisama Maus, George Logan 与 Barbara K. Lewalski（纽约与伦敦：W. W. Norton & Company 出版，2012），1811 - 33.

光。这段节选的诗歌重点突出了诗人对透视技巧的运用，就像镜子一样。这首诗将牛群比作跳蚤，人脸上的斑点，以及围绕着读者在远方太空转动的星体，就好比是显微镜或望远镜的放大过程一样。

如同卡文迪许那可以窥望进一个微型世界的能力一样，《关于艾普尔顿庄园》与玻璃相关的创新对应的是现代对科学发现的方法的迷恋。与此同时，马维尔使用了玻璃的比喻来强调诗意描写的力量。在这首诗后面的段落中，马维尔用镜子的形象来描绘这处庄园的自然风光：

草场倒影处处；
它那泥泞的基底翻卷蔓延，
直到如明净的镜子般亮滑；
在那里，所有的事物都凝视着它们自己，

看自己在其中还是其外。

而看着它自己的阴影是否也在其中闪烁的，

是那自恋的，同样憔悴的太阳

这首诗犹如一面镜子，映射了庄园的自然世界，而这自然世界本身也在映射着自身。这幅田牧风光图中，“万物”凝视着草地上泥泞的倒影，使得树木、牛群以及诗中歌赞的其他元素都具有了一种主观性。这节诗歌收尾处，暗示着太阳在庄园中看到了自身的映像，并且渴望着能够和这映像在一起。诗人认为，回忆的棱镜可以在笔墨之间给已逝事物重新注入生机，描绘出遥远的天地，故而要比在设备辅助下增强了的人类视力要更优越。当然了，读者渴望着更加清晰地看到一个基于主观性和客观性相融合的世界，而马维尔创造这首诗歌的目的便是满足这一需求。

《关于艾普尔顿庄园》貌似是在引用贺拉斯在《诗艺》中的名言，“utpicturepoesis”（拉丁语），意为“诗歌就像图画”[1]。诗人使用了丰富的感官细节并提及了窥镜，重点突出了他的诗意创作是如何将对这处田园的描绘跃然于纸上。贺拉斯进一步解释道：“诗歌就像图画。有的要近看才看出它的美，有的要远看”[2]。马维尔受到望远镜和显微镜的启发，在这首诗歌中玩弄着逻辑的游戏。到底是近看这首诗，还是远观它，这都由不得读者，诗人诠释了一首诗歌本身是如何变换使用多种镜面来掌控视角，从而改变着读者所能看到的内容的。

---

1 贺拉斯，《讽刺文与书信集，以及诗艺》，译者 H. Rushton Fairclough（马萨诸塞州剑桥，哈佛大学出版社，1942），443.

2 同前，447.

摄影

望远镜，显微镜和照相机的发明可以追溯到早期的棱镜制造商在尝试改进眼镜的过程中的发现。想想这广大（当然了，同时又较为简化）的镜面家族，是一件颇有趣味的事情。最开始，玻璃被用来将视力恢复到正常而健康的范围内。随后，人们开始使用棱镜来突破人类肉眼的界限，从而可以看得更好、更远。再到后来，玻璃又成为了某种设备设计中的工具，使得我们可以捕捉到眼睛所见之物，并将其保留在影像当中。在与玻璃相关的创新进步的帮助下，一系列设备给了我们用来观看的强有力的途径。关于相机和摄影的作品着实不少，在这里我们将致力解释相机镜头是如何落入时间，自我映射，渴望，以及创世的矩阵当中的，这些元素，包括我们关于玻璃的文化迷恋，一同交织着本书。

当我们想到相机镜头和时间之间的关系之时，首先涌入脑海的想必是玻璃的怀旧能力。也就是说，相机的镜头玻璃似乎可以允许我们捕捉到一个人生命中的某个瞬间，在之后观看这一影像时，这一瞬间已经变成了此人的过往。另一种可能性是，摄影对象已经逝去，而我们看着这些固定瞬间中的他们，就仿佛是看着还活着的他们。但是摄影镜头所能成就的是观看的一种更为复杂的形式，这种形式可以打破现在和过去，生者和死者之间互为对抗的关系。无可厚非的是，摄影成果揭示了摄影本身核心的辩证关系。从一方面而言，正如苏珊·

桑塔格曾讲的一样，通过“把人变成可以被象征性地拥有的物件”而使得“拍摄某人也是一种升华式的谋杀”[1]。换言之，我们在将事物通过影片或者电子快照的格式固定下来的时候，把一个人转变成了一件物，而这件物是我们任何时刻都可以随意拿出来观看和处理的。从另一方面来讲，摄影图像是相机镜头作为复活设备的功能的例子。比如说，罗兰·巴特将摄影定位为一种可以赋予生命的复苏方式，他凝视着自己故去的母亲的照片，那时她的母亲还是一个小女孩，站在“一个带玻璃顶棚的冬季花园里的小木头桥，这是一座暖房”[2]。巴特的母亲人生中的第一张照片的拍摄场景是被玻璃包围着的，一如这照片本身就是被玻璃制成的相

1 苏珊·桑塔格，《论摄影》（纽约：Picador 出版社，2001），14—15.

2 罗兰·巴特，《明室——摄影纵横谈》，译者 Richard Howard（纽约：Hill and Wang 出版社，1982），67.

机镜头捕捉而拍摄下来的。这暖房被玻璃墙保护着，这样一来里面就会一直保持着春季的温度（而透过这玻璃墙总是能看到冬天的），与此同时，这名稚嫩的女孩被存留在玻璃棱镜的作品当中（而看照片的人总是在拍照的时间线以后的某一点观看这幅图像）。透过这张快照，巴特得出了一个结论，那便是摄影可以被描述为“完成了对一个独特之人几乎是不可能的认识”，他用这句话来体现摄影作品以一种超自然的方式复刻了某个特定时刻的一个独特的存在[1]。作为人类，我们总是不断地成长，老去，随着流逝的每一分秒变化着，但相机，以一种令人讶异的方式，允许我们回顾某个特定瞬间自己的模样。

039 对于巴特而言，照片打破了过去和现在之

1 罗兰·巴特，《明室——摄影纵横谈》，译者 Richard Howard（纽约：Hill and Wang出版社，1982），69.

间的界限，在母亲最后的生活阶段，她已经十分衰弱了，变成了“我的小女孩，跟她那第一张照片上那个小女孩在实质上合为一体了”[1]。又一次地，玻璃体现了时光机的功能。巴特，在许多年以前就和他的母亲一同在那暖房里，而这小女孩此时就在这儿，和他一起，哀悼着他的母亲。他将母亲称作是“我的小女孩”，这使他联想起自己并无子嗣，并且以后也不会有儿女的事实。作者面对自己和这个逝去的小女孩的关系，预示着他自身“彻底的，非辨证的死亡”，因为他将永远不会有一个“普及自身特性”[1]的孩子。玛乔丽·佩尔洛弗将巴特对暖房照片的审视作出了以下恰当的描述：“这是献给他母亲的挽歌，同时也是留给自己的墓

1 罗兰·巴特，《明室——摄影纵横谈》，译者 Richard Howard（纽约：Hill and Wang 出版社，1982），72.

1 同前，72.

志铭”[1]。巴特将照片和繁衍微妙地联系到了一起一望着照片中的小女孩，他把自己描述作了她的父亲，同时，看着这个自己的孩子的并不真实的表现，也将自己定位作一个意识到自己将不会有后裔的人——这一点突出了摄影是如何通过预示生命的终结，而使我们意识并肯定生命的存在的[2]。通过呈现这类悖论，使得摄影无论是作为艺术表现形式，还是作为对于那些关于时间和人性之间联系的思想的论题，都显得十分引人入胜。

在这里我们可以看到，巴特对于暖房照片的审视和莎士比亚的十四行诗中涉及镜子的观点是相映成趣的，这体现了摄影艺术和玻璃相

---

1 玛乔丽·佩尔洛弗，《“只发生过一次的事”：巴特的冬日暖房/博尔坦斯基的死亡档案》，摘自《自罗兰·巴特之后关于摄影的文字》，编辑 Jean-Michel Rabate，（费城：宾夕法尼亚大学出版社，1997），41.

2 罗兰·巴特，《明室》，72.

关的想象体验之间的关联。巴特的论述中充斥的各种混合起来的元素，和莎士比亚的第三篇十四行诗中的构成部分相呼应，在这首诗中，诗人催促一个年轻人去繁殖自己的子嗣。这首诗的结尾处如下：

你是你母亲的明镜，她从你身上
唤起了她青春时代那美好的四月；
所以哪怕皱纹满面，从暮年之窗
你仍然会看到你今天的黄金岁月。
但若你人生一场不是为了被怀念，
就自个儿去吧，和你未铸的翻版。

莎士比亚催促着这名年轻男子，劝他认识到巴特在观看暖房照片时顿悟的思想。这张年幼女孩的照片，让巴特在自己苍老母亲的面庞中看到了这孩子。不仅如此，这照片也让巴特在她脸上看到了自我的映像。这一顿悟，使年老女人的面庞和在他体内尚存的青春气息都重新散发了年轻的气息。而莎士比亚恳求着年轻男子，让他把自己看作他母亲的“玻璃”或者是“明镜”，一如他母亲将他看作自己的镜子。他那年轻的面孔唤起了她的青葱岁月，抑或“四月”，这让他可以把自身看作是能看到母亲青春岁月和自己“黄金岁月”的“窗户”。巴特母亲的照片使作家联想到自己难逃死亡的命运，而作家本人却将不会以儿女的形式被复刻，莎士比亚的诗不约而同地表达了，“自个儿去吧（死亡）”，也就意味着自己在未来的世代中将彻底消亡，不会留下翻版。

莎翁的第三篇十四行诗的开篇，“照照镜子，告诉我你看见的那张脸/如今已到了再塑一副面庞的时辰”。在某种层面上，巴特关于暖房照片的思索就像这首诗的复述，抑或改编。玻璃——不管是在莎士比亚的诗歌中的镜子，还是在巴特自传性质散文中的照片——都闪烁着同样的焦虑，同样的质疑，同样的归属。也许巴特的版本要更加乐观一些。他能够意识到，照片中的小女孩就如同自己孩子的副本，由此，延续血脉的压力跟莎翁诗歌中年轻男子所面临的焦虑相比，也许要稍微轻一些。这两个与自我在镜中相遇的刻画，都告诉我们，物质瓦解着时间，并产生出不同的答复：时而欢庆，乐观，洋溢着希望；时而忧郁，脆弱，并引人遐想，生命的尽头到底意味着什么。

042 莎士比亚十四行诗

在莎翁的年代，glass 一词具有多重含义，而正如本书所试图论证的一样，早期对于玻璃真实和幻想能力的审视目光证明了，在我们的文化想象力中，这种材料的运用处于不断的进步中。莎士比亚第 126 篇十四行诗就是一个引人入胜的例子，它呈现了玻璃的多重内涵及其引人遐想的能力，这首诗的开篇如下：

哦，你哟，我美丽而可爱的朋友，
你的确控制了时间的镰刀和沙漏；
你因亏缺而越发丰盈并由此映出

你的爱友们在枯萎而你枝叶扶疏。

莎士比亚作有一系列写给一名通常被形容为“年轻男子”抑或“年轻的青春”的形象的诗歌，而这首诗便是这串诗歌的最后一篇；其后的作品则是写给一名常被称为“黑暗女士”的人物的。这些作品集合共有154篇十四行诗，于1609年被收入《莎士比亚十四行诗，前所未印》，初次得以出版。据说，这些诗篇是莎翁在二十多年间断断续续完成的，一开始只在亲友之间以手稿的形式被传阅，直到作者在45岁时方得以出版。因为莎士比亚在前十七首诗中敦促这名年轻男子生育子嗣，故而也常被称作“生育诗篇”，我们在上一章节引用的第三篇便是一个例子。在这些所谓的“生育诗篇”中，玻璃扮演着重要的角色，诗人运用玻璃来暗示生儿育女的吸引力。

043 在本章所引的第126篇十四行诗中，玻璃被用来形容这首诗所题献的对象给予叙述者的影响。他持着“时间那易变的玻璃”（time's fickle glass），但却没有挑明这玻璃的本质为何。这名年轻男子到底拿着的是一面镜子，其中映出了衰老的莎士比亚，抑或老去的年轻男子，或是二者在镜中容颜的对比之下突出了莎士比亚的年老？又或者，这名年轻男子拿着的是一支沙漏？那么，我们可以看到，青春可以使我们记起，年轻之美总会消逝，我们也在不断老去。如果我们将诗中的玻璃物件看作是一支沙漏，青春便和标刻时间的沙粒滑动紧紧联系在了一起。鉴于玻璃本身便是由沙子制成的，我们在这里再次看到了玻璃是如何广泛地与时间联系到一起的，而同时，飞逝的时光改变着我们对玻璃的认知。沙漏由沙子这一原材料制成，随后又被雕琢成可以捕捉沙粒的物件。

不管这里的玻璃指的是什么——到底是展现着衰老爱人影像的镜子，还是控制沙流，记录着爱人老去时间的沙漏——我们可以观察到，玻璃和欲望之间的联系。换言之，叙述者通过将自身作为一个吸引力衰减的老人，凸显描述了这名年轻男子的令人向往。这里“我美丽又可爱的朋友”一方面说的是诗人亲爱的友人，另一方面也暗指丘比特——这名唤起了使人倍感痛苦的爱恋痴迷的幼童神祇，在莎士比亚整部诗集的最后两篇十四行诗中得到了诗人的描述。这首诗，从根本上使用了这一玻璃物件元素提醒着我们欲望和时间之间的关系是不可分割的：这名年轻男子被描述为“（自然）的宠儿”，通篇中作者都不断地告诫他说，自然的“欠账虽可延期但总得清算。”

在整部十四行诗集中，“玻璃”一词共出

现了十次，其指代用途都各不相同。在第 22 篇十四行诗中，玻璃这一元素可以收复流失的时间，并且刺激欲望的诞生。本诗开篇如下：

> 镜子不会使我相信我已衰朽，
> 只要青春仍然与你相伴相依。

诗人凝视着镜子中的自己，脑海中想起的却是年轻男子。也许我们将照镜子看作是一种自恋行为，但是莎士比亚却提示我们，望着镜子可以看到另一张面孔。反常的是，镜子成为了一种带我们离开了自我的物品。在第 62 篇十四行诗中，诗人对自己进行了责备：

> 但当镜子照出我真正的面目，
> 岁月的风刀霜剑已使它褪色，
> 于是我对自恋终于另有领悟。

他表达了对于自己那自恋情怀的不理解，于是在下一行诗句中作者谴责着自己，“这样迷恋自己真是一种罪过”。在镜子中与自己相遇，可以使人认识到自己在别人眼中是何形象，并转而思索起别人是否值得自己的爱恋。

第 5 篇和第 6 篇十四行诗中则运用了玻璃这一元素来幻想着将年轻男子的美貌在衰老之前凝练并贮存起来。这两首诗位于“生育诗篇”的核心部分，其中表达了大量劝说年轻男子理解繁衍后代之急迫的叙述。诗人将这一情形比作是冬天的到来，我们用那“囚于水晶高墙下的香露”作为“夏日的精髓”来缓解寒冬即放置于玻璃瓶中的香氛，可令我们回想起夏日的气息。玻璃成就了一种强大的“回忆”工具，这都是因为：

可经过提炼的香花纵然面对严冬，

也只失却其表；其美质依然永恒。

霍莉·杜根在她近期发表的关于文艺复兴时期香水的长篇研究当中表明“嗅觉，和其他感官认知方式一样，重点在于物品、肉体以及化身之间可相互替代的关系”[1]。莎士比亚在诗中向年轻男子娓娓道来自己的幻想时，杜根的观念显得尤为适用：

那么，在你的精髓被提炼之前，
别让严冬的魔掌毁掉你的夏日：
让某个玉瓶藏香。

046 年轻男子通过将自己青葱岁月的一部分保

1 霍莉·杜根，《关于香水稍纵即逝的历史：早期现代英格兰的香气和感官》（马里兰州巴尔的摩，约翰霍普金大学出版社，2001），19.

存起来，便可以永驻青春美貌。莎士比亚在这里使用了关于瓶子的比喻，因为玻璃本身便是美的。我们选了玻璃瓶，而非木头或金属材料来贮存香水，这是因为玻璃材质允许我们能够看到里面的液体，而容器本身便意味着人们在喷洒香氛时获取的美。莎士比亚的十四行诗和杜根的观点一样，都向我们传达了，玻璃并不仅仅具备视觉的感官作用，而是和其他感官也相通。比如说香水这个例子，玻璃通过一个强大，但同时又很美好的方式容纳着香氛，于是我们便可以瞬间释放一种激活愉悦感官中心的气味，这香气与我们的记忆想通，诱惑着即将发生的接触。

若是我们赋予了玻璃如此之多的品质，使其不仅仅是一种毫无生机的物品，那么，我们与玻璃的邂逅对**我们自身**的影响有哪些呢？上文中我们已经看到，苏珊·桑塔格认为由相机镜头捕捉到的影像将我们物化，我们也已经提到过，在《少数派报告》中，人类是如何被缩影，变成困在玻璃板面中的人生片段，抑或莎士比亚是如何揣测，青春可以被想象为如香水一样，被困在玻璃瓶中。[1]

---

1 有一点颇为有趣，那就是在文艺复兴时期“glass”一词作为动词具有“通过用玻璃覆盖，用玻璃封闭的手段来进行保护”（转下页）

1978年，“金发美女”乐队的热门歌曲《玻璃心》则抓住玻璃这一物质的特性，用其描述一颗脆弱的心。这种对玻璃的认知观点和英语中的惯用语“玻璃下巴”[2]正契合，在这种情况下，我们的肉体被描述作无生命的脆弱形象，而这种缺乏生机是我们常常用来描述物品的。“金发美女”这首歌的中心副歌这样唱道：

曾经我拥有一段爱情，已成云烟
只剩下一颗玻璃心。

当主唱德比·哈利在歌曲开头唱出这些歌

（接上页）的意思。《牛津英文词典》中认为莎士比亚是第一个在这种词义上使用该词的人，在《爱的徒劳》(1598)中，在观看者对于珠宝和这些珠宝“被放置于的玻璃容器”越来越好奇的时候，诗人将充满渴望的双眸比作“置于玻璃容器中的，等候着王侯来购买的珠宝”。(2.1.244—245)。

2 玻璃下巴（glass jaw），英语俚语，意为经不起打的下巴，通常喻指“不堪一击”。——译者注词的时候，我们马上就领悟到了，激情如火的爱情轻易之间就可以变质，而爱情有着激发变化的能力。乐队主唱用两行歌词描述了从深陷爱河到苦恼失恋，这也正和歌词中从气态的“云烟”到固态的“玻璃心”相吻合。我们跨越了时间，也跨越了物质存在的状态——从一种昙花一现的情感跨到了一种僵硬却脆弱的个人状态。“金发美女”乐队这首歌的 MV 视频由航拍纽约城开始，镜头转到 54 俱乐部[1] 的霓虹灯广告牌，继而是一个迪斯科球的近景，最后定焦在德比·哈利身上，她正唱着以上的副
048 歌部分。这首歌是 1980 年代的标志音乐之一。在《今夜星光诱惑》(马克·克里斯托弗执导，1998) 和《我们拥有夜晚》(詹姆斯·格雷执导，2007) 等电影中都有被用来展现 80 年代

---

1 54 俱乐部，Studio 54，是 1970 年代美国纽约市的传奇俱乐部。也是美国俱乐部文化、夜生活文化等的经典代表。——译者注

的迪斯科场景。我们甚至可以以一种戏谑的角度来将迪斯科球看作是“金发美女”这首歌所悲叹的“玻璃心”。这颗“玻璃球”（事实上，从20世纪初期人们就这样称呼迪斯科球）似乎象征着错失的爱情所造成的灾难性后果。我们的目光被这颗球体所吸引，迪斯科球化作了能量之源，使我们恍惚之间看到五彩纷呈的光，但是球本身并不是光源，也不是它周边世界真实面貌的镜像。

前面的章节中我们曾讲到，萨拉·阿赫梅德认为客体在塑形我们的身份和我们的欲望中扮演着至关重要的角色，这是因为客体帮助我们决定自己的定位，并帮助我们认清自己面向何方。我们在约翰·邓恩的诗歌《破碎的心》便能发现这种饶有趣味的客体指明方向的例子，这首诗中，作者生动地描述了玻璃能够激发想象的能力，但在这里它的这一点能力不一定能带来积极的心理效价。和德比·哈利所唱十分相似的是，诗中的叙述者哀悼着一段死去的爱情，问询着“我的心/它变成了何种模样/当我第一次看到你时？/我带着一颗心走进房间，/但我离开时，身上一无所有。”[1] 丘比特之箭击中了叙述者的心，“这一击，使我的心像玻璃一般颤动”。邓恩的诗歌用以下的句子收尾：

然而，没有东西能够落向空无一物，
或坠落到足够空虚之处；
故而我想，我的胸膛容纳着
所有静止的碎片，就算它们四处分散
而现在，正如破碎的玻璃所映射出的
在其中少了一百张面庞

1 约翰·邓恩，《英国诗歌全集》46—47.

我心的碎片可以喜爱，希冀，和爱慕，

但经历过一次这般的爱，却无法再次陷入爱河

借用伯格斯特 2012 年发表的关于客体研究的专论《成为事物是怎样的感觉》，《破碎的心》向我们展示了，拒绝这一行为促动我们感受的能力。向人示以爱意，却没有得到回应，这会使抱有欲望的主体在另一个主体拒绝的眼神所带来的灾难性的强制下客体化，从而使其主导地位遭到削弱。为了进一步扣题，邓恩赋予了这首诗犹如破碎玻璃的结构，叙述者在流畅连贯的词句中不断追逐他的爱情的变质，直到来到最后的诗节中，结构变得参差而僵硬，其中的停顿呼应着叙述者内心的破碎。这里镜子的意象非常富有想象的空间，一方面是因为它使我们预见了叙述者未来心碎的命运，而另

一方面也是因为它象征着来自爱恋对象的拒绝是如何关上了通往未来的大门的[1]。

玻璃之所以能成为一种复杂的物件，是因为人类赋予了它各式意义。同样地，我们所爱慕的对象也成为了我们投射自身欲望的荧屏。“金发美女”乐队的歌曲以及邓恩的诗歌中，都强调了我们在另一个人内心欲望的审视下是如何被物化的，或者，我们在被拒绝的时候，会感到自身主观性的丧失。新型的玻璃科技以其独一无二的方式使我们意识到了主观和客观之间的二元区别，但同时也模糊了人类和机器之间的界限。想想有多少交互性的玻璃平面被

1 再次地，雷纳·卡拉斯认为，玻璃提供了有力的启发式方法，而这一方法被早期现代诗人们捕捉到了，卡拉斯的这一观点颇有理据。我认为，我们在卡拉斯关于邓恩诗歌的探讨中看到了相关实例，还有塞缪尔·丹尼尔在他1603年出版的《捍卫韵文》中所描述的：“所有的诗句都是被限制在特定尺寸中的文字框架”，卡拉斯用这句话来诠释指定“在诗句中，世界的音乐和词性和谐都在其中有所呈现。”丹尼尔，《捍卫韵文》，2：359，卡拉斯，59.

图 6 《镜中的罗莎琳》（摄影师 菲利普·克里杰卡里克，2015）

设计出来，为的就是对人类身体所产生的自然电流作出回应吧。

但即使是镜面，也会混淆人造物和真实存在的差别。极具影响力的精神分析学家雅克·拉康[1]以玻璃作为他身份形成理论的中心。“镜像阶段”标志着孩童认出了她自己的镜像，并意识到自己独有的存在。此时的她被认为是一个具有独特思想内在的主体，并意识到自己处于别人的眼光下，接受他人的审视。之前我们曾经谈到过，端详着镜中的自己不仅仅是在问询自己“我看起来怎么样?”同时也是在问“我将看起来如何?”或者“别人会怎么看待我?”这里的玻璃提醒着我们，人类的状态是有机的、独特的存在——而这些标签和分类其

1 雅克·拉康（Jacques Lacan，1901—1981），法国作家、学者、精神分析学家，他提出的诸如镜像阶段论（mirror phase）等学说对当代理论有重大影响。——译者注

实有时是相当不可靠的[1]。

1 约翰·迪，一名曾向伊丽莎白一世进言的数学家与天文学家，生动地描述了镜中的形象是如何混淆我们的感官和单一、有机的自我的。他提议道，“如果你，（单独）处在一面特定的玻璃旁边，然后用一把匕首或一把剑去刺穿这玻璃，你将突然（在某种方式上）被影像之由所撼动，展现在空气当中的，横在你和玻璃之间的，在手、剑和匕首，在迅速的动作间，在刺穿玻璃的时候，你刺穿的好像也是你自己的眼睛。”约翰·迪，《写给毫无保留的真相热爱者和崇高科学的孜孜不倦的学生》”摘自《最古老的哲学家欧几里得的几何学元素》，译者 Henry Billingsley 爵士（伦敦：1570），sig. bijr.

051 海玻璃

在自然和人工模糊的交界处，存在着一个定义玻璃的闪光点，那便是收藏家们所称的“海玻璃”了。这些玻璃碎片在海洋中经过少则几年，多则若干世纪的流转，被冲刷到海岸上。海玻璃的前身是瓶子、盘子、眼镜、挡风玻璃，以及其他一些从船只上投入大海的物件。故而，海玻璃曾经是人造的玻璃物品，而现在则淹没在沙子当中——而沙子本身就是制成这些玻璃物件的原料。海洋的洋流运动将这些玻璃碎片打磨圆润，使其拥有了雨花石的形状，与此同时，在盐水的化学作用下，海玻璃有着磨砂外形。海玻璃常见的色彩是绿色、棕色或者白色，黄色或者蓝色的比较少见。每种色彩出现的频率代表着在制造酒瓶、饮料玻璃瓶、玻璃杯以及其他海玻璃的前身物品时所使用的色彩的频率。

“海玻璃”这个名字，便是一个惊人的实例，证实着玻璃可以投射承载某种欲望。这一名称暗示着，这一小片物质，是一小部分海洋变成的固态物品。就像人们将从海滩上拾来的贝壳贴近耳朵，便可以听到大海的声音，海玻璃也给予了人一种幻想，人们在海岸度过了一天，和广袤无垠的海洋邂逅，在沙子中掘出了这一片结晶的大海，便将这象征着海洋的玻璃
碎片带回了家。然而，这也是关于玻璃的幻想 052
中所固有的——也就是玻璃同时具有液态和固态的特性——尤其要考虑到，海玻璃是在海水与陆地相接的地方被发现的。海玻璃有时也会

图 7　《海玻璃和海星》(简·蒙纳汉·加瑞森作品)

被称为“人鱼的泪滴”。

撇开“海玻璃”这一名称不提，大海并不能制造玻璃，玻璃也无法构成海洋。然而，大海的确可以改造玻璃，而海玻璃的**自然性**对收藏家而言尤其重要。北美海玻璃协会每年都会召开庆典，并向收集爱好者定期寄发通讯，宣称其使命的一部分便是保证商业成员“将海玻璃保留在其自然状态中，并不仿造海玻璃；这也就意味着，海玻璃不能够以酸性蚀刻或者喷砂的方式被改变形状。”这一组织的标识便是一个漂浮在海浪之间的玻璃瓶，海浪下是五颜六色的石块。若看不到该协会的名称，从标识来看几乎可以误以为这是一家回收公司。但在北美海玻璃协会的名字暗示下，这个标识提示着我们，海玻璃实际上是多么的**不自然**。然而玻璃的传奇色彩仍然确保它的确具有某种循环性——从一件寻常之物而来，到一件被打磨得美好的物件，再到最后，成为了被发现的意外珍宝。除此以外，海岸线的修复工作对于这个协会也具有重大意义。因而，海滩拾荒者和协会成员们的行为和大海如出一辙：拾走被抛弃的物品并将其重铸成一种美丽的物件，这些物品常为珠宝，特别是耳环（玛格丽特·卡文迪许也许会对此喜闻乐见）。

我们想象着，海玻璃是由大海铸造产生的，抑或可以说它是海洋的残迹，这一幻想和在闪电击到沙砾上便可产生玻璃的观念有着异曲同工之相似。这一现象有时会被称为“闪电
054 玻璃”。和“海玻璃”一样，这一名称也极富幻想之韵味。这种材料向我们展示了某种难以领会之物的残余。在爱情喜剧《情归阿拉巴马》（安迪·坦纳特，2002）的开场情景中我们可以看到关于闪电玻璃的幻想的表达。年轻的女孩和男孩目睹了闪电击中了海滩，他们找

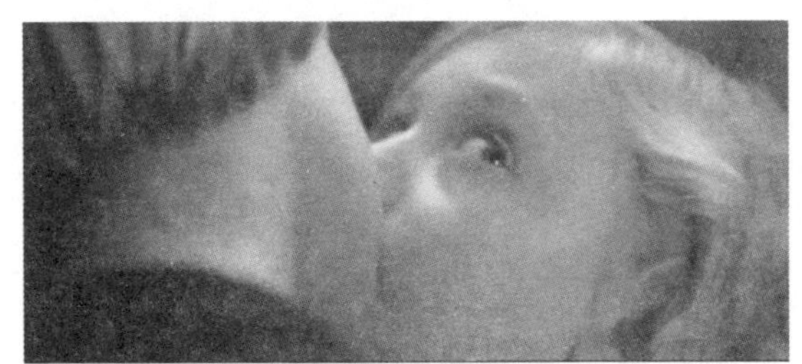

图 8　闪电击中沙粒，浪漫由此而生（《情归阿拉巴马》剧照，试金石影业）

到了一块被雷电击中的清澈的新月形玻璃。深有感触的二人向对方献上了自己的初吻。

该片随后的剧情中讲述了这个女孩（由瑞茜·威瑟斯彭扮演成年版本）最终回到了故土，与她的竹马（由乔什·卢卡斯扮演成年的男孩）走到了一起，而这个男孩为二人的初吻以及大自然点沙成玻璃的转化能力所感动，触动如此之深，以致他选择吹玻璃作为自己的职业，还拥有一间出售玻璃雕塑品的艺术画廊。在现实生活中，“闪电玻璃”，不论是作为浪漫萌芽，还是职业灵感，都并非如此简单。

实际上，当闪电击中沙子时所形成的物质叫作“雷击石”。它的外形并非清澈而美丽，相反地，它是由沙砾和石头形成的某种物质，形似石笋或者嶙峋的树枝。雷击石的形成需要至少1800摄氏度的高温（通常情况下，闪电可达到2500摄氏度）。雷击石的外形并不能算得上丑陋——在某种奇特而格格不入的方式上，它们具有一定美感，在传统的浪漫认知中却并不美丽。它们的学名，雷击石，听起来着实刺耳，但实际上，这一名称源于拉丁语 fulgar，意为“雷电”。因此，从某种意义上来说，关于闪电玻璃和海玻璃的人为幻想是一致的：由某种物质变为玻璃的过程，使得我们可

以捕捉到稍纵即逝之物，允许我们获取威力无边而难以掌控的事物的一小部分。人类不仅仅 055
通过闪电玻璃和海玻璃来捕获这些力量的碎片的——不管这自然力量是雷电还是海洋——同时，还透过由玻璃棱镜捕捉到的图片来定格这些力量。网络上大量存在着摄影镜头捕捉到的雷击石照片，而最受人们欢迎的展示海玻璃的方式是将其放置在梅森玻璃罐或者玻璃瓶中。浏览着这些照片，也许人们会想起一句俗语“瓶中闪电”（Lightning in a bottle）。这句固定

俗语首次于19世纪被使用，当时指的是本杰明·弗兰克林于18世纪提议的一项科学实验，他建议，可以使用风筝来捕获闪电产生的电流，再将其储存在莱顿玻璃瓶当中。这句话产生了包括“瓶装闪电”等演变版本，如今被用来意指一项非常艰难的任务。

收藏海玻璃。为闪电玻璃摄影。将闪电捕获在瓶中。这些活动的重点在于重叠交互的关于玻璃的幻想。我们遐想着，人工制品也可以深刻地自然，并且，我们将这些人工制品与捕捉瞬间的能力联系到了一起。值得一提的是，这些关于玻璃的遐想可不仅仅是专属于业余爱好者和爱情喜剧的粉丝的。

欧文斯-伊利诺斯公司是一家国际玻璃容器制造商，最近该公司发起了一项名为“玻璃即生命”（www.glassislife.com）的市场营销活动，该运动对自身的定义是“一项歌颂我们对玻璃、品味、可持续发展、品质和健康的共同之爱的国际运动”。该公司投入了重金，来培养消费者对玻璃的爱（以及对玻璃的幻想）。该公司前身为欧文斯瓶装公司，于 1903 年成立，截止到 2013 年，欧文斯-伊利诺斯公司的净销售额已达 7 亿美元，在 21 个国家拥有 77 个工厂，共有的产品种类多达 1 万多。

这项市场营销活动的核心在于强调玻璃的固有特性，以及玻璃可以捕捉稍纵即逝的自然元素的特点。该营销活动宣传道，“从火焰与沙砾之中，具有标志性的欧文斯-伊利诺斯玻璃容器渐趋成型”，这仿佛是在告诉我们，玻璃容器是自然环境的产物，并自身塑造成型。玻璃容器是生命循环的一部分，这一观念被席琳·库斯托所强化，她是雅克·库斯托的孙女，后者是一名海洋学者，也参与了欧文斯-伊利诺斯公司的“玻璃即生命”活动。在一

图 9　玻璃即生命，因为玻璃是地球生命循环中的一部分。（“玻璃即生命-#选择玻璃”，斯图·加瑞特，该作品最初被用来线上宣传）

部视频中，她在沙滩上将盛在玻璃瓶中的沙子散入风中。

在旁白声音中，库斯托评论道，玻璃“是可无限回收的。玻璃即自然。玻璃即生命”。她的言辞和那催生了我们对于海玻璃的兴奋之情的本质幻想不谋而合。当我们寻觅到一小片玻璃之时，我们便同时邂逅了沙滩和海洋的无垠。

也是在这场营销活动中，位于科罗拉多州朗蒙特的左撇子酒厂酿造部门的副总裁乔·施基尔迪说道：“我们做的不是简单的产品包装。我们做的是选择玻璃”。也许这家公司并不会自己生产玻璃瓶，但这句话却神奇地规避开了一个事实，那便是啤酒的玻璃包装是在工厂中完成的。这一评论与“玻璃即生命”的主要标语之一互为呼应：

> 我们爱玻璃。它在沙砾中孕育了生命，在火焰中经受历炼，随后神奇地变成了一种自然，美丽的物质，这一物质贮存守护着你的事物与饮品，并且对环境有益。

施基尔迪认为玻璃瓶不是被“制造”的言论，以及欧文斯-伊利诺斯公司对于玻璃浴火而生的魔法般的描述，和科幻作家阿瑟·查尔斯·克拉克那知名的第三定律相契合：“任何足够先进的科技都和魔术难以区分。”[1] 向消费者传达玻璃是某种神秘财产的观念，着实为品牌的打造贡献不少，但在某种程度上堪称荒

1 阿瑟·查尔斯·克拉克（Sir Arthur Charles Clarke，1917－2008），英国作家、发明家，尤以撰写科幻小说闻名。他提出的三定律大意为：定律一：如果一个年高德劭的杰出科学家说，某件事情是可能的，那他几乎就是正确的；但如果他说，某件事情是不可能的，那他很可能是错误的；定律二：要发现某件事情是否可能的界限，唯一的途径是跨越这个界限，从可能跑到不可能中去；定律三：在任何一项足够先进的技术和魔法之间，我们无法作出区分——译者注

唐。玻璃的制造过程中也许的确包括了自然主义的步骤，但瓶子毕竟不是从树上长出来的。

“玻璃即生命”营销活动的主题，“玻璃讲述事实”，与我们关于玻璃的幻想互有关联。该活动承诺道，玻璃“告诉你质量里边是什么”。这一承诺同时证实了所见即所得的观念，除此以外，也指向了我们所拥有的所有关于玻璃的遐想，我们幻想着玻璃拥有神奇的能力，能够传达我们诚挚的，希望喜好得以满足的渴望。

059 谷歌眼镜

2015 年 1 月，谷歌在限量销售谷歌眼镜样品不到两年之后，便宣布停止生产这一被简单命名为 glass 的产品。谷歌公司作出承诺，称将继续研发这一产品。不论谷歌眼镜是否将重新回归大众视野并获取消费者青睐，这一产品的短暂存在已经在我们对玻璃的定义历史中留下了重要的印记。谷歌眼镜在很多层面上都可以称为富有想象力。这一产品就像是科幻作品当中的存在一般，至于它的用处有多大，很大程度上还要取决了消费者本身。谷歌眼镜在玻璃历史上是一座里程碑，而这不仅仅是因为它那富有创新性的材料——同时，它还使得人们充分意识到，我们是如何**建立**起自身与玻璃的关系，以及如何**通过**玻璃来建立这种关系。

谷歌眼镜可以使佩戴者将其视觉捕捉到的一切内容即刻上传到网络，同时也可以从互联网上获取信息，来赋予所见之物相关的背景意义。人们将自己置身于一个地理位置或者社会背景的图片场景当中，定格某种共同回忆，这便是“自拍”，而谷歌眼镜不同于此，它向世界所反映的并不是个体用户，而是用户的所见所识。因此，这一产品允许人们体验新型的亲密关系，而这种体验不是通过观看别人完成的，而是透过别人去看。

谷歌眼镜虽然只短暂发行了限量产品，但 060
在 2014 年，这一产品似乎无处不见。关于这一可连接入互联网的眼镜的新闻频频出现，引发了人们关于新型科技以及更为广泛的文化层面的热烈讨论。然而，虽然关于谷歌眼镜的议论不断，但人们似乎并不太确定这一产品是否可以获取成功，甚至都不太清楚到底该怎么使用它。也许谷歌公司的意图便在于让消费者自己去填补这份留白。谷歌公司展现了其精简的营销策略，在该产品的小型网站上尽是引人遐想的照片和一些简短的句子，例如“记录下你所见”，还有“自问你所想”一类。从这洋溢着博客气息的网站氛围来看，潜在消费者便可以推断出这一科技产品的实际应用有哪些了，例如可以应用到将用户附近发生的对话转化成可进行搜索的文本，也可以使用它对新的调情对象进行实时背景调查。西雅图一家酒吧也许正是察觉了这第二种应用可能会对其盈利有所损害，于是禁止顾客在其营业场所使用谷歌眼镜。

谷歌公司发布的一部宣传视频中，以第一

视角向大众展示了一个正在使用谷歌眼镜的人的体验。视频中的惊呼和洋溢着欢乐的尖叫也许暗示着，使用谷歌眼镜的人们过着刺激的生活——乘坐热气球旅行，在最后一秒赶上从旧金山到纽约的航班，在时装秀台上昂首阔步地走秀，类似种种场景。这些人们享受着天佑的

畅快瞬间，在各种巅峰体验间穿行。然而，有多少人可以真正过着这种不甘平淡，充满激励的生活呢？亚伯拉罕·马斯洛[1]似乎相信，只有非常少数的人可以实现保持长期的高调生活方式。马斯洛曾提到过，进化最完全的人群可以达到需求层次理论的“自我实现”阶段，因
而这一群体可以过上充满巅峰体验的生活。谷 061
歌的宣传片暗示着，这些实现了自我的人是存

1 亚伯拉罕·马斯洛（Abraham Harold Maslow，1908－1970），美国心理学家，以需求层次理论最为著名，认为首先要满足人类天生的需求，最终达成自我实现——译者注

在于世界之上的。并且，如果你不是这些人中的一员，也无需担心，你仍然可以透过这些人得以升华的视野，去体验这些有高度的人生经历。

虽然谷歌眼镜比不上康宁公司的宣传视频中的玻璃物品那么充满想象力，但它仍然只属于少数人的选择范畴。这一产品投放初期，仅有少数用户可以接触使用：这些用户是谷歌公司发起的“假如我有谷歌眼镜”话题标签大赛中的获胜者。少数的名流——尼尔·帕特里克·哈里斯，纽特·金里奇，布兰蒂·诺伍德——被选中成为首批使用者。安德烈·卡尔帕西是斯坦福大学计算机科学专业的研究生并在谷歌研究部门实习过，他对参与了此次话题标签大赛[1]，在推特上讲出了自己的参赛理由

1 http://cs.stanford.edu/people/karpathy/glass/

的获胜者进行了分析。卡尔帕西得出的结论是，只有26%的获胜者是粉丝少于100名的推特用户，这意味着这些用户已经通过各种简练的头条和爆炸式新闻认识到了别人是如何过着巅峰人生体验的。其中一名推特用户名为4everBrandy的获胜者，提交的想要赢取谷歌眼镜的原因是："（假如我能赢）我将会超级欣喜若狂！"（I would be sooooooo ecstatic!!!）

4everBrandy的措词给我留下了深刻印象，并不是因为她选择的形容词"ecstatic"表达了极高的热情，而是因为这一词语的来处有渊源。形容词 *Ecstatic*（欣喜若狂的）和名词 *ecstasy*（狂喜）的词源意为"某人在其自己身旁"，从词语的组成上来讲，词根 *ex*-表示离开，*stasis* 表示地方，站立。通过别人的眼界来审视这个世界，能使我们感受到最强烈的情感，并且还有可能让我们灵魂和肉体分离。

062 然而，即使是刻意记录生活经历的人们也可以拥有灵肉分离的体验。带上像谷歌眼镜一样的媒介镜片的用户的目光不仅仅游荡在物品之间，而是可以刻意去审视他们觉得其他人愿意看到的事物。史蒂夫·曼恩由此创造出了“augmediated”（aug 意为放大，mediated 意为居间的）一词，专门用来形容计算机化的眼镜向我们展示了更宽广的世界，但与此同时也拉大了我们与真实世界的距离，因为我们意识到自己是带着眼镜才看到了这世界崭新的一面的。[1]

把“狂喜”一词和谷歌眼镜放在同一句子里似乎有些奇怪。正如《大西洋》的作家瑞贝卡·格林菲尔德所警告的一样，虽然谷歌网站上尽是都市时髦人士尽显时尚感的照片，但这

---

1 史蒂夫·曼恩，《我的“居间放大的”生活：带着电脑化眼镜生活了 35 年，我学到了什么》，光谱出版社，2013 年 3 月 1 日。

一产品很快就会失去对消费者的吸引力，因为它佩戴在人脸上实在看起来太傻里傻气了。[1] 但是谷歌眼镜的外形如何并不是重点。外观问题是可以美化的，而测试版本产品总是看起来甚是笨拙。谷歌眼镜激动人心的地方在于，它呼唤我们去**看**，并使我们意识到我们**何时在看**，

看向哪里。最后别让我们忘记，对于那些喜爱观看的人而言，谷歌眼镜也可以使其感到狂喜。

谷歌眼镜会重回大众视野吗？它还会被简单地称为“眼镜”吗？谁又知道呢？但显而易见的是，谷歌眼镜使我们对已经出现在了地平
线上的更为虚拟的世界有了匆匆一瞥。日常的 063
眼镜不但映射世界，还愈发塑造我们的生活，

---

1 瑞贝卡·格林菲尔德，《不要仇恨书呆子们，要恨就恨玻璃吧》，摘自《大西洋》（2013 年 5 月 3 日），http://www.thewire.com/technology/2013/05/google-glass-design/64860/

当我们在酒吧或酒店大厅中碰到戴着眼镜的人时，便将愈发小心翼翼。这些物品已经可以将我们带入一个新世界，那里我们将着实变得欣喜若狂。

商标专用权

通过将其产品命名为 glass，谷歌公司似乎是想要独占这个基本名词，来试图改变我们对这一材料的期望认知（或者，更为邪恶的一种可能是，谷歌想要声称只有自己才有能力重新定义这一意境存在了上千年的物质）。谷歌公司甚至试图为 glass 这个词申请商标专用权。[1]

美国专利及商标局驳回了谷歌公司这一申

---

1 雅克布·戈尔施曼，《谷歌在将“玻璃”一词专利化上遇到了阻碍》，摘自《华尔街日报》（2014 年 4 月 3 日），http://blogs.wsj.com/digits/2014/04/03/cracks-in-googles-bid-to-trademark-glass

请，理由为以下两条："易造成混淆"和"描述性通用词汇"。针对第一条驳回理由，美国专利及商标局阐述道，在谷歌之前，已经有若干企业试图将眼镜/玻璃相关的科技词汇申请商标专用权了。[1] 驳回信件中引证了如下产品：SmartGlass（微软公司研发出的允许移动通讯设备、电视机和电子游戏手柄之间通讯交流的一款产品），iGlass（智能手机），TeleGlass（可用来浏览投射图像的设备），Glass3D（数据库管理软件），LookingGlass（数据分析软件），Write on Glass（一款可增强文本与图像浏览个人定制化的浏览器插件）。另外还有几款就干脆叫作Glass的产品，其中包括一种可将芯片嵌入信用卡和礼品卡的智能芯片技术，

1 约翰·杜耶尔，USPTO致谷歌公司的信函（2013年9月18日），http://online.wsj.com/public/resources/documents/googleglassuspto.pdf

一款编写手机程序的电脑软件，以及一种网上约会服务。这封驳回信指出，这些已经成功申请了商标专用权的产品和谷歌公司申请的产品名字有可能会在消费者脑中产生混淆：

065

> 已注册的商标为：眼镜/玻璃；书写于玻璃；3D 眼镜；以及，眼镜型电视。申请注册者的商标与以上注册者的商标相似。以上商标皆含有 Glass 的共同特性，故而产生了相同的综合商业印象。[1]

也就是说，美国专利及商标局驳回了谷歌试图独占 Glass 这一名字的企图的部分原因是基于其他公司已经注册了与该名词相关的商标。这一驳回理由还算有道理。

---

1 USPTO 致谷歌公司的信函，第 3 页。

这封信中提出的第二个驳回理由则更值得玩味一些。驳回信中直白地声称，“这一商标仅仅描述了申请者商品的一个特性或者物质材料组成。”[1] 美国专利及商标局的这句话说错也错，说对也对。这段驳回理由貌似是单纯建立在该产品作为包含了框架和镜片的眼镜的材料性之上的。为了进一步证实这一驳回理由的有效性，信中还引用了《柯林斯英语词典》中对这一词汇的定义：

> 玻璃被定义为“一种坚硬，易碎的透明或半透明非结晶固体，由金属硅酸盐或类似物质构成。该物质由氧化物的融合混合物制成，例如石灰，二氧化硅等等。该物质被用来制作玻璃、镜子、瓶子，等

1 同前，第 4 页。

等。”[1]

信件最后，以“描述性通用词汇”的理由驳回了这一商标申请，因为认为这一产品主要由玻璃制成，归在了词典定义中玻璃、镜子、瓶子之后的“等等”一列。

然而，美国专利及商标局引用道，谷歌对 066
其产品的描述并未将玻璃材质称为该产品的主要构成材料。谷歌的描述将重点放在了产品的交互性能之上：

> 申请者申请将“眼镜/玻璃”注册为程式化形式商标，其代表商品为“**电脑硬件；电脑外围设备；可佩戴式电脑外围设备**；移动通讯设备外围设备；可佩戴式移

1 同前，第5页。

> 动通讯设备外围设备；**可进行远程接入和远程传输数据**的电脑硬件；可进行远程接入和远程传输数据的电脑外围设备；可进行远程接入和远程传输数据的移动通讯设备外围设备；**可进行数据与视频播放**的电脑硬件；可进行数据与视频播放的电脑外围设备；可进行数据与视频播放的移动通讯设备外围设备；**电脑软件**”（加粗字体是我所强调的部分）。

谷歌将其产品视为电脑硬件与软件，将其定义为一种可以产生虚拟内容并与其互动的设备。美国专利及商标局称，拒绝谷歌公司试图将该产品命名为Glass并申请商标专用权的理由如下：

067 Glass这一商标的使用将被认为是对某

> 些商品的特性的描述，即，某些商品将采用展示型屏幕和/或镜片，这些屏幕以及镜片的构成材质为玻璃及其他。因此，根据第2节（e）（1）规定，Glass为描述性通用词汇，该申请被驳回。[1]

当然了，谷歌眼镜的某些版本可以将玻璃镜片作为附加品卖给消费者，但是该产品的核心是框架，使用者可以将其固定到原有的眼镜之上，或者不用眼镜也可以佩戴该产品。是美国专利及商标局搞错了吗？并非如此。正如我们在本书中已经提到过的，玻璃不仅仅是一种物品，或者物质，而是一处长期以来我们人类寻觅数字计算运作的功能性的场所：连接，传输，播放，互动。

1 同前，第4页。

微软智能眼镜

谷歌眼镜之后，这一科技的传承者似乎成了微软智能眼镜。科技领域的作家们都纷纷为它叫好，称其为比谷歌眼镜更为先进的产品，尤其是在满足时代当前需求方面要更胜一筹。科技杂志 CNET 的写手尼克·斯特拉特将微软智能眼镜描述为宣告一个新时代的到来，“微软突然将我们推进了《星际迷航》和《少数派报告》的世纪里”[1]。微软智能眼镜将全息图的应用延伸到了现实世界中，故而，它或许比谷

1 尼克·斯特拉，《微软智能眼镜作出了解释：如何运作，为何不同》，摘自 CNET（2015 年 2 月 24 日）。

歌眼镜还要更加强烈地印证了史蒂夫·曼恩所言的“放大媒介”。对于微软公司而言，将外部世界看作是一个全息图和物质领域的混合物的观点算不上是激进或者新奇，但是斯特拉特的言论没错，若能使这样一种产品广泛分销并普及，的确可以拉近未来与现实的距离。这种全息效果的一个版本也出现在了康宁公司的短片《玻璃造就的一天》当中，片中的学生们将一个玻璃平板（类似于平板电脑）对着森林，举到眼前时，透过平板他们看到了森林中出现了一只恐龙。在谷歌眼镜的宣传片中，当一个人在观察水族馆里的一只水母时，一层布满了文字和配图的信息出现在了面前。微软智能眼镜似乎在结合了这两种概念的同时将科技优化了，因为在使用微软智能眼镜的时候并不需要像康宁的短片中出现的手持玻璃平板（这一设备其实是被嵌入了眼镜当中），除此以外，微软智能眼镜所提供的全息图更为清晰地出现在被观察物品之上，相比之下，谷歌眼镜所展现的信息则是以视线内的电脑屏幕平板的形式出现的，故而与被观察物品有着清晰的分离。简而言之，微软眼镜通过全息技术支持的弹出式可视化信息，呈现出了居间现实感。

069 微软公司所传达的信息的重点是，眼镜改变的不仅仅是我们所见之物，同时也重新塑造了我们观看的方式。微软网站上的大标题是“当你改变自己看世界的方式，你也就改变了你所见的世界。”这一口号所蕴藏的含义不仅仅是要我们去改变视角，同时也指导我们，要用充满想象力的方式去观看世界。在微软智能眼镜的帮助下，我们看到的是世界可能成为的面貌和它的现实模样糅杂在一起的形象。这件产品的名字也强调着多样性，“holo”带着浓浓的科幻风，而“lens”（透镜）一词则将我们带回了早期的眼镜商时代，是他们建立起了这个演绎着未来创新的平台。

斯特拉特将微软智能眼镜技术比作了《少数派报告》中出现的科技，他指的是在电影中，用户可以伸手去操纵投射在其视野范围内的数字信息，而微软眼镜也可以做到这一点。作者指出，在电影中出现的滑动手势预测了智能手机的功能，与之同理，微软智能眼镜所体现出的对虚拟物件的可触性也是来源于对汤姆·克鲁斯的角色的模仿渴望。微软的广告页面告诉我们，这一产品“远远超出了被强化的现实和虚拟现实，它可以允许你与和真实世界相融合的三维全息图进行互动。”也就是说，微软眼镜的用户并不会脱离真实世界，这一点与虚拟现实眼镜大有不同，比如带给用户 3D 虚拟游戏体验的 Oculus 虚拟现实设备。Oculus 虚拟现实设备可以将你带入一个幻想世界，而

图 10　一切尽显未来。一名用户在舒适的客厅中使用微软智能眼镜想象着热带度假。(图片的使用经过微软允许)。

微软智能眼镜将你带入的，是你所处的真实世界的魔幻版本。

从微软智能眼镜和 Oculus 虚拟现实设备的名字中，我们便可观察到其不同之处。“HoloLens”（微软智能眼镜）暗示着，这一眼镜可以使用户看到与全息图所融合的现实世界，而根据微软网站上的图像，这些全息图其实早已存在于用户的脑海当中了；而“Oculus Rift”（Oculus 虚拟现实设备）则意味着，用户用肉眼所见和用该眼镜所见的世界之间是脱离开来的，或者说是有一段距离的。“断裂”（rift）确实包含有一种暴力性，这也就是为什么该公司在使用产品名称中的“断裂”这一词汇时分外谨慎，在任何的品牌创建中也尽量不使用它。该产品被简约地称作“Oculus”（拉丁语中的“眼睛”之意）。微软公司的产品网站上则告诉我们：

> 微软智能眼镜不仅仅是头部佩戴式设备，该产品的透明性意味着，你将不会失去对周边真实世界的视觉。高清的全息图与你的现实世界相结合，将解锁你创造、沟通、工作和娱乐的全新方式。

071 这一介绍中重点强调了该产品提供的可能性，这一点颇为有趣。也就是说，我们被保证，透过微软智能眼镜看到的将是我们的“现实世界”，并且“永远不会失去视觉”。难道说，对现实世界失去视觉是那些使用虚拟装备看世界的人们所面临的真实恐惧吗？也许答案是肯定的，随后我们将在讨论《末世纪暴潮》时详述这一点。但是，微软智能眼镜向我们提供的是“创造、沟通、工作和娱乐”的新方式。微软这一产品向消费者作出的承诺超越了谷歌眼镜给人带来的期许。相比之下，谷歌眼镜突然显得如此消极，如此根植于当下的时间。谷歌眼镜可以使某人在一个特定的时间内向他人传达一些体验，或者即时查找资料，来补充当下的背景信息。然而，在微软智能眼镜的帮助下，我们似乎获邀将一脚停留在现在，另一只脚踏入未来。这里，康宁的《玻璃造就的一天》所给我们带来的感觉得到了重现。这世界充斥着未来可能性的承诺。这些高新科技眼镜似乎允许我们生活在充满想象力的现实，让我们体验到，眼镜已经使我们幻想之物得以成真。

《末世纪暴潮》

在科幻电影《末世纪暴潮》（凯瑟琳·毕格罗，1994）初始的一幕场景中，列尼（拉尔夫·费因斯扮演）在一家廉价酒吧中向一名商人兜售内容为“18 岁少女沐浴”的全感观影片。影片中设定的 1999 年，超导量子干涉仪（SQUID）的用户可以在经历某种体验时，将其感官输入的完整波谱捕捉到，随后将其复制，这样，之后戴着 SQUID 设备的人就可以完全体验这一经历了。SQUID 装备的用户似乎对录制两种记忆，或者说“回放”尤其感兴趣：色情体验以及暴力体验。我们听到影片中列尼在贩卖一大批情色体验，还有一名用户在观看一场失败的抢劫，而录制这场抢劫的原始用户死在了事故中。这种凶杀纪实，也被称为“21点”的回放，销量非常好，这一点并不出人意料。谋杀毕竟是巅峰体验的一种形式。在《少数派报告》中，谋杀是唯一一种足以触发预言者，使其意识到该事件即将发生的犯罪形式。

超导量子干涉仪技术被描述为“就像电视一样，只不过更好”，因为它可以传达“生活……别人生活的一小部分。它纯净，完整，直接从大脑皮质层而来”。SQUID象征着谷歌眼镜的一种合理扩展，而谷歌眼镜本身已经可以反映出用户体验，并使其他用户能够以虚拟的形式体验原始用户的世界。如果我们将SQUID当作谷歌眼镜的未来科技延伸，那么也就是说交互性眼镜可以在未来向我们提供更新

073 形式的联系。而与此同时，这一可能性也突出了对过去不快经历的再次体验带来的危险，我们将无法将眼光投向新的（也常常是更健康的）目标选择上。

在这部影片中我们看到一个生动的例子，那便是“沉溺于回放”的列尼。不同于那些使用 SQUID 设备来体验其他人回忆的用户，列尼长期回放着自己过去的高度强化的瞬间。这些记忆回放将他带回了与前女友菲斯（由朱丽叶特·刘易斯扮演）在一起的时光。

列尼通过 SQUID 设备重新体验那些无忧无虑的过去时光，这不禁让我们想起了《少数派报告》的情节，其中安德顿用自己早逝的儿子的全息投影来怀念他，就像列尼回放着自己的回忆，来重温那失去的挚爱。这两部影片在这一层面也和巴特关于摄影的遐想有着关联，也让人联想起了莎士比亚以及马维尔关于镜子的

图 11　重新体验与朱丽叶·刘易斯一起轮滑的刺激感。(《末世纪暴潮》剧照，20 世纪福克斯)。

想象。我们总是期盼着，能用新的方式去看，并使逝去之爱复活。

074　随着影片推向末尾，发生了一系列悲惨的事件，向观众们展示了谷歌眼镜和微软智能眼镜等产品的黑暗面。列尼对菲斯的念念不忘使其难以展开一段新的感情，与此同时，这种执念也慢慢强化了他的一个想法，那便是他需要拯救分手之后生活在混乱当中的菲斯。带着SQUID设备的列尼看到菲斯在被一名杀手追杀。在现实生活中，他寻找着菲斯不久之前陷入困境的酒店套间。在搜寻期间，他同时又看到了菲斯在一间房间中被暴力攻击，于是深深恐惧着会在回放影片结束时看到菲斯的尸体，或者在进行搜寻的现实生活中发现死去的她。这一场景再次提醒，列尼应当在分手之时就割舍这段与菲斯的感情。

《末世纪暴潮》强烈地表达了一种忧虑，

引人思考——当关于玻璃的体验被在没有玻璃的情况之下复制之时，会发生些什么。电影研究学者凯特琳·本森-阿洛特认为，凯瑟琳·毕格罗执导的电影有一个共同的特点，那便是“常常审视局外人的定位”，在《末世纪暴潮》中对于回放的使用不禁让我们想起，非法科技的使用者们在获取与他人的亲密关系时，也在冒着失去自我感的风险。[1]这部影片同时也使我们联想起，观看者身份的改变，意味着一件单纯无辜的事马上可以变得违法。这一顾虑是《末世纪暴潮》中的世界和我们的现实世界的一个共性。现如今，视频可以轻而易举地在网络上进行分享，这引起了家长的不安，担心孩子们的影像有可能会被某些人为了令人不齿的

1 凯特琳·本森-阿洛特，《解除暴力：凯瑟琳·毕格罗电影中的政治，题材，和持久时间》，摘自《电影季刊》，64，第二期（2010冬季）：33.

利益而加以利用。

075 虽然后果堪忧，但在现实生活中我们看到的的确越来越多（并且无时不刻在付出代价）。无可厚非的是，像“第二人生”一类的虚拟世界对于我们的吸引力愈发减少了，这类事物只是对我们的现实世界进行了虚拟的模仿。与之相反的是，我们日渐渴望逃进自己那变得越来越虚拟化的真实世界。在谷歌眼镜或超导量子干涉仪等产品的帮助之下，我们得以略过马斯洛提出的需求层次理论金字塔的中间几个层次，直接跃至“自我实现”阶段，通过别人的真实经历，得以在巅峰体验之间冒险。

然而，这些产品真的是前所未见的吗？

看起来，我们的确可以从科幻作品中寻求答案，赋予现实意义。这本书中我们所见的例子正好和弗里德里克·詹姆逊关于科幻的假设所契合，他曾提到科幻作品是回传“关于当代世界的可靠信息，而不是过时的现实主义（或者过时的现代主义）。”[1] 让我们看到未来的并非是科幻作品；实际上，科幻流派所做的，是突出了现实而已。关于这一点，威廉·吉布森[1] 在其非虚构散文集《莫轻信那韵味》中也向我们提供了另一种帮助理解的观点。吉布森将写作风格从《神经漫游者》（1984）一类的科幻作品转移到像《模式识别》（2003）这种可以称得上现实虚构的小说，而最近他又将风格转变回科幻体裁，出版了《外部设备》（2014）一书，对自己的作品和风格，吉布森评价道：“我发现我们现处的21世纪的素材要更为丰

---

1 弗里德里克·詹姆逊，《未来考古学：一种名为乌托邦的渴望，以及其他科幻作品》（纽约与伦敦：韦尔素出版社，2005），384.

1 威廉·吉布森（William Ford Gibson，1948－ ），加拿大-美国作家，主要写作科幻小说，现居住在加拿大。被称作赛博朋克运动之父——译者注

富，更为怪异，比任何想象出的 21 世纪都要
076 更加复杂。”[1] 本书中所进行的探讨从广度和深
度上都对这些观点进行了延伸。以上关于科幻
的例子说明了，我们对于未来的玻璃的畅想实
际上是根植于我们现如今对于玻璃这一物品的
迷恋之中的。詹姆逊和吉布森的看法着实超
前，他们对于时间性的观点陈述更为深刻，文
艺复兴时期的作家对玻璃某些特性作出的想
象，直到现在才在交互性玻璃制造商和科幻电
影出品方的成果中得以展现。

---

1 威廉·吉布森，《纽约书展上的谈话》，摘自《莫轻信那韵味》（纽约：伯克利贸易/企鹅书屋出版社，2012），46.

对着镜子，模糊不清

正如我们之前谈过的，玻璃既是一种物品，也是一种可以透过它来观看其他物品的媒介。为了更深刻地理解玻璃在这个世界复杂的存在形式，我们来看看《哥林多前书》中简单的一句话的翻译多样性吧。《哥林多前书》是使徒保罗的书信集，其第十三章是对爱的歌颂。钦定版《圣经》对该句的翻译如下：

> 如今我们对着玻璃观看，模糊不清，但那时候就要面对面了；如今我所知道的有限，但那时候就要完全知道了，就如同

> 我也已经被完全知道那样。（For now we see through a glass，darkly；but then face to face：Now I know in part；but then shall I know even as also I am known.）

正如句子中描述的玻璃一样，这句话本身也是晦暗，难以看透的，富含着多种含义。对于本书的讨论而言，其中最引人遐想的片段便是“对着玻璃，模糊不清”了。我们接下来将要讲到，这几个英文单词使得无数后世的作家们为之着迷，并为思索着关于镜像、映射、认同感和渴望的人们提供了一粒试金石。

这句话引人玩味的地方在于，它描述了我们在和某人或某事面对面相见前，先要看透玻璃，或者镜子。我们在这里引用的是英王钦定本《圣经》，因为本书中出现的众多文艺复兴时期的作家和读者所阅读的便是该版本，除此以外，钦定本《圣经》的影响也最为深远，这一点在众多作家以各种方式借鉴“对着玻璃，模糊不清”上便可以看出了。[1] 一些译本中作出 078
的推测是，下文中提及的面对面互动其实便是面对上帝。再晚一些的翻译中作出猜测，原文中的“glass”应该是镜子。希腊语原文ἐσόπτρου一词的含义甚不明确，在英文中的对应词语应当是“glass”，但同时也含有镜子、窗户或者视镜之义。“through”一词的使用也富有多重含义。我们所见的是某种事物的反射镜像吗？或者我们是在透过一扇窗户或一面透镜在看事物，并且只能通过这种方式才能看到？哥林多前书的这一章节给我们留下了想象

1 在莎士比亚时代流行的另外一版《圣经》是1599年日内瓦《圣经》，该版圣经对这句话的翻译甚是相似：“如今我们对着玻璃观看，模糊不清：但那时候我们就要面面相对；如今我所知道的有限：但那时候就要完全知道了，就如同我已经被完全知道那样。”(For now we see through a glass darkly: but then *shall we see* face to face. Now I know in part: but then shall I know even as I am known.)

的空间。我们是在试图面见上帝，审视自己，还是看到更为广阔的世界呢？“模糊不清的”这一词语是在描述玻璃本身的属性，描述我们观看的方式，或者指的是作为观看者的我们的某些特质呢？

下面，我们简单看看自文艺复兴以来的若干翻译版本，以对这句话所传达的有力信息探索一番——想想我们看起来如何，我们怎样去观看事物，以及我们怎样去审视自己。修订标准版《圣经》中将“glass”一词直接窄化作“镜子”，但是对于模糊不清的视野仍然留下了多重含义的可能性：“如今我们对着镜子观看，昏暗地，但那时候我们将要面面相对了。”(For now we see in a mirror, dimly, but then we will see face to face.）这一版本中将“darkly”（模糊不清地，黑暗地）替换作了“dimly”（昏暗地），更加强调了我们视线上的不足，或者也可以理解为是观看所需要的知识贮备上的限制。
美国标准版中的这句话和钦定本较为相似，只
是将“glass”一词替换作了“镜子”：“如今我
们对着镜子观看，模糊不清。”（For now we see
in a mirror, darkly.）杜埃版《圣经》中直截了
当地将昏暗性置于观看者身上：“如今我们以一
OBJECT LESSONS 种模糊不清的方式对着玻璃观看。”（We see 079
now through a glass in a dark manner.）新生版
《圣经》中呈现的是破碎的镜子，解释了为什
么我们的视线模糊不清：“如今我们所观看的，
正如我们在对着一面破碎的镜子观看”。（Now
that which we see is as if we were looking in a
broken mirror.）新国际版中则写道，“如今我
们只看到仿若镜中的影像”（For now we see
only a reflection as in a mirror），暗示着，我们
在和他人正面相见前，必须要首先面对自己。

这句话的上一行也非常著名：“我作孩子

的时候，说话像孩子，心思像孩子，想法像孩子，既然成人了，就把孩子的事丢弃了。”(When I was a child, I spake as a child, I understood as a child, I thonught as a child: but When I became a man, I put away childish things.) 在这一语境之下，我们看到镜子实际上是关于身份认同、成长、过渡和转变的。如果说使徒保罗的书信完全是和爱心相关的，那么与玻璃/镜子的相遇便指出了，我们在与他人，上帝以及世界产生纽带之前，首先要以这种方式成熟长大。“对着玻璃，模糊不清”这句话同时也体现了，要想抵达爱的彼岸，产生清晰而直接的联系，需要首先穿过模糊的黑暗。与此同时，这句话中使用玻璃来阐述我们在审视自我，观看世界的方式上的模糊性。

这句话成为了流行科幻作品和魔幻电视剧的借鉴箴言。电视剧《高地人》(关于一个不死的持剑战士)，《仙女座》(这部剧集讲的是一名被冻结在时光中长达 300 年的船长带领一队船员的冒险故事)，《黑暗预言》(讲的是一对 15 岁的双胞胎发现一部预言未来的漫画书的故事)，《鬼屋》(一部 1960 年代的关于一个捕鬼者的电视剧)，《路易斯与克拉克：超人的新冒险》(一部再述超人早年故事的电视剧)，《千禧年》(这是《X 档案》的同步剧集，讲的是一组专门调查奇异犯罪事件的调查员的故事，背景设置是一个邪教组织企图在 2000 年
启动世界末日计划)，其中都有一集是由以上 080
圣经中的那句话而命名的。这句话同时也出现在重量级科幻文学当中：艾萨克 · 阿西莫夫[1]将自己的四部畅想未来的短篇小说编成文集，

1 艾萨克 · 阿西莫夫（Isaac Asimov, 1920 - 1992)，出生于俄罗斯的美籍犹太人作家与生物化学教授，与罗伯特 · 海因莱因、和上文提到的阿瑟 · 克拉克并列为科幻小说三巨头。——译者注

并取名为《透过明镜》(1967)；菲利普·狄克对这句话进行了小改造，将其一部小说命名为《遮蔽的眼睛》[1]，讲述的是作为卧底的主人公监视作为怀疑对象的自己。再次地，我们看到玻璃/镜子与未来图景和身份认同问题联系在了一起。

2005年的一集《星际迷航》取名为《对着镜子，模糊不清》，这集抓住了这句话的深刻内涵，描述了熟悉的剧中角色的黑化版本。这一集其实可以算作1967年的原版《星际迷航》剧集中叫作《镜子，镜子》的一集的前传。让我们从原版剧集讲起，来看看《镜子，镜子》是如何为这两集都做好铺垫，来进一步探索剧中角色在镜像平行宇宙的黑化版本的。在《镜

---

1 菲利普·狄克（Philip Dick，1928－1982），美国科幻小说作家。《遮蔽的眼睛》英文原名借用了 through a glass，darkly 的典故，名为 *A Scanner Darkly*。——译者注

子，镜子》中，一场离子风暴发生时，进取号的传送功能发生了一点故障，导致四名船员被传送到了一个平行宇宙当中。在正常和平行的两个宇宙当中，进取号的船员都在和哈尔卡人——一个生活在下面星球上的和平种族——进行谈判，以获取该星球丰富的二锂结晶矿藏。二锂是一种色彩斑斓的结晶石，贯穿整部《星际迷航》，这一点暗示着我们，玻璃在未来世界的重要性。在《镜子，镜子》这一集中，我们可以看到，进取号一开始从左至右驶过屏幕，然后又从右到左航行回来，这一镜像标志着故事在平行宇宙中展开了。留着山羊胡，腰带间挂着一把匕首的斯波克向他问好之时，柯克舰长第一次察觉出异状。柯克马上作出了假设，认为他们被传送到了一个“平行宇宙当中，这里一切都是现实的复刻…几乎完全一样”。

图 12　在坦塔罗斯场中，玻璃使得终极凝视成为可能（《星际迷航：镜子，镜子》剧照，派拉蒙影视）

这个镜像宇宙不仅仅充斥着暴力的可能——斯波克腰带上的匕首以及一部用来惩罚不良表现的手持“痛苦产生仪”都暗示着这一点——除此以外，跟柯克以及其他船员来自的那个原始宇宙相比，平行世界中还到处展现着露骨的性能量。镜像苏鲁（脸上多了一道疤）抓着乌瑚拉的下颌，问她：“还是没兴趣么?”并指着飞船控制台，暗示着进一步行动。镜像契诃夫试图刺杀柯克，以获得更高的军衔。从原始宇宙被传送来的船员们模仿着他们平行宇宙中的自己，表现充满暴力和色情冲动，而这
些镜像角色同时被传送到了原始宇宙当中。柯 082
克重重一拳打在一名船员脸上。乌瑚拉与镜像苏鲁调情以转移其注意力，当被识破时又用一把匕首威胁他。当柯克不得不撤回到自己的起居室时，一名美艳的女子正躺在他的床上，问候着他。这名裸着腹部的女子叫作玛琳娜，当

柯克回家时给他递上酒水。他们激情拥吻。这一集很大一部分是关于柯克和玛琳娜在他居所进行的猫鼠游戏的。玛琳娜在私人空间对柯克的浪漫追求与其他男性船员在公共空间对柯克的追逐是呈平行关系的。玛琳娜威胁柯克说，如果他拒绝了她，那么她便去“追求新鲜的游戏去”。二人共享的不仅仅是一个激吻。玛琳娜也向他介绍了“坦塔罗斯场”。

一开始，我们认为“坦塔罗斯场”仅仅是一面玻璃屏幕，可以使柯克监控镜像斯波克的一举一动。随后随着剧情推进，我们发现这一由某位“匿名外星科学家”设计的装备给了柯克窥视任何人的可能性。最终，我们得知只要按下一个明绿色的按钮，便可马上杀死正在被监控的那人。在这剧集中某处，镜像苏鲁提醒着镜像斯波克说，“柯克舰长的敌人总是就那么失踪了。”在柯克离开镜像宇宙时，他将这

一设备留给了镜像斯波克，希望他能善用此
物，推翻帝国统治，点燃革命的星火。将这样
一种监视和粉碎的设备命名为“坦塔罗斯场”，
的确值得玩味。坦塔罗斯是奥德赛在冥界偷偷
观察的一个人的名字。冥王塔尔塔洛斯让坦塔
罗斯站在水池里，却永远也喝不到水，他的头
 上有枝条被压低却够不着的果树；肚子饿想吃
果子时，却摘不到果子，当他口渴想喝水时，
水就退去。词汇“tantalize”（意为挑逗，折
磨），便是源自这个神话故事，在 1597 年首先
出现在英语当中。

那么这一集当中，所谓的挑逗或者折磨之处在哪儿呢？也许这一设备叫作坦塔罗斯场是因为暗示着对权势和安全感等元素的追寻，只要一次暗杀，便可获得。又或者，“坦塔罗斯场”影射着视野问题。对某人的监视归根结底其实是思考着，过着这个人的生活是怎样的，

看到这个人所看的是怎样的。当进取号的船员们回到原始宇宙后，麦克沃伊医生评论道，他更喜欢留着胡子的斯波克一点。在本集收尾处，玛琳娜的镜像人物以最新被分配到进取号的船员的身份出现在了原始宇宙中。玛琳娜和柯克首次相遇时响起了袅袅的背景音乐，暗示着二人将来会有一段浪漫邂逅。柯克将玛琳娜描述为“一个不错的，招人喜爱的姑娘”，随后又说道，“我想我们会成为，”他犹豫了一下，“朋友的。”斯波克应该留胡子吗？柯克和玛琳娜会有一段情缘吗？这一场景的早先时候，麦克沃伊周旋在他同事们更为邪恶堕落的镜像人物之间，他问道，“在这个宇宙中我们到底是什么？”无人作答，但答案却显而易见：“你们就是你们自己。”叫作“镜子，镜子”的这一集描绘的是剧集角色们所展现出的各种欲望和互动，而这些欲望早已在原始宇宙的人物那良善的外表之下蠢蠢欲动了。除此以外，如果说这一剧集标题也正和《白雪公主》中邪恶皇后的口头禅所呼应的话，我们可以把面对镜像，看作是与一个更有吸引力的自己相遇。

整集中讲述镜像人物在原始宇宙中遭遇的 084
部分只有寥寥几笔。冒充原始宇宙版本的这些船员很快就被发现，然后被关进了禁闭室当中。斯波克先生解释道，“你们作为文明人，去装作野蛮人，要比野蛮人充当文明人，容易多了。”似乎美德良善之人要装出邪恶的样子还可以颇有信服力，但反过来就不太可能了。由此自然生出一个问题：在我们望进这黑暗的镜子，和自己的镜像有了面对面交流之后，我们是接受了自身的野蛮性呢，还是进化成了一个更为文明的自己呢？

2005年播出的《星际迷航：进取号》的剧集《对着镜子，模糊不清》的发生场景也是这个平行宇宙，但是情节中并没有包括从原始宇宙中穿越过来的船员。从片头中展现的军队行动和统治场景中我们对这个宇宙的内在腐败程度有了更深层次的了解。斯科特·巴库拉通常在剧集中扮演亚契船长，是进取号的第二指挥官。该剧集的常规角色，佐藤星，是进取号上的翻译官，在本集中是镜像舰长的爱人。她就像《镜子，镜子》中的玛琳娜一样，在本集中穿着性感搔首弄姿，并且进取号上的女船员制服都是裸露着腰腹的。当镜像亚契推翻了舰长之后，镜像佐藤星便开始在新船长的起居室和他调起情来。镜像亚契养的狗低沉地咆哮起来，让我们感到，就算这只狗都是邪恶的。“曾经属于前任舰长的一切，现在都任由你选取。”翻译官对她的新舰长如是说道。二人激吻起来，随即她便拿出藏在自己短小上衣里的匕首，试图刺杀舰长。随后，我们又看到二人鱼水之欢后，香汗淋漓地在床上讨论着政治。这些设定场景在平行宇宙中的剧集带来的刺激之一在于，观众们可以在观看时幻想着在更为净化的原始宇宙中不存在的情色交媾。这是一种关于幻想的幻想。这是一种具有高产出价值的同人虚构作品。实际上，我们几次看到镜像亚契和镜像佐藤星在床上颇为火辣的场景，虽然这些场景中后者最终都没有毒害前者。当镜像亚契上身赤裸着奄奄一息时，他还在努力地想发现翻译官是否在和帮她毒害自己的安全官激情相吻。现在我们快速讲完这些幻想场景。首先出现的是一个充满着通奸暗示的场景，随后镜头下展开了一个帝国统治的情景。在本集收尾处，翻译官篡权夺位，成为了舰长，并自称为“佐藤女皇”。

从一个较为客观的层面上来看，这两集讲述镜像宇宙的剧集似乎都是警世故事。具体表现为争权夺利和淫欲熏心的不良诱惑使得这些船员们堕落，引诱出了这极为民主、平等、讲求礼貌的星际联邦的未来的原始宇宙的黑暗面。然而，原版剧集中的角色们瞥见了镜中的另一个自己，滋生了对这个黑化版本的自身的可能性的渴望之情。而作为观众的我们，在看到这些黑暗镜像角色之后，情不自禁想要看到更多。在镜子中的简单一瞥，使我们不禁好奇是否我们能看到这些镜像角色的可能性，一场面对面的交锋是否会到来。

平面

毫无疑问，微软公司将其生产的平板电脑命名作“平面”(Surface)，这说明微软抓住了这一设备的精髓所在。平板作为物品而言，看起来像是一个又小又薄的，一面是由玻璃屏幕构成的长方形。而作为一个设备来说，平板电脑其实混淆了我们的平面感和深度感。从一方面而言，这一设备就是**平面**；它只是一个由非透明玻璃组成的薄薄的窗面。从另一方面而言，这一设备尽显深度，因为它允许我们通向无数的信息库和经验储备。给平板电脑起一个这样的名字尤其增加了它的吸引力，因为整体而言，平面日益构成越来越多的可进行互动的平台。

比如说，交互性科技就迅速被应用到了玻璃材料的桌子平面之上。在无线网络连接技术的帮助下，餐馆的食品供应商在平板电脑设备上查收点餐订单也变得普及起来，而消费者也开始直接用桌面来点餐了。这类事物使得陈列在（电子）菜单上的虚拟食物体验与食物本身的纽带更加紧密，因为菜肴最终将被放置在曾经展示过它们的桌面之上。举个例子，坐落于伦敦 Soho 区的伊那莫餐厅就是将菜单投影到玻璃平面的餐桌之上的。在该餐馆的网站上声明，承诺来就餐的客人可以“（通过选择他们更喜欢的餐桌装饰来）营造出一种就餐情调，可以探索当地街区，甚至用餐桌叫一辆出租车
087 回家。”[1] 顾客看着菜单所引发的想象和食物最

1 http://www.inamo-restaurant.com.

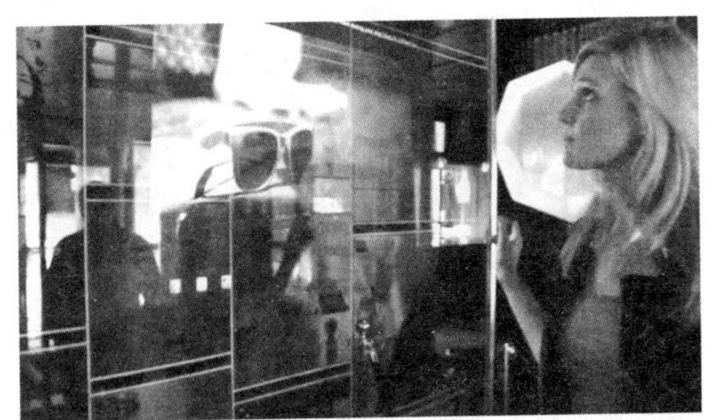

图 13　Nervana公司的“幽灵墙”（宣传影片剧照，Nervana集团）

终的送达，就被玻璃这一元素连接了起来，除此以外，玻璃还将当地的现实世界和不远的未来传送到了用户的指尖之上。

而很快地，墙壁的功能也超越了分隔房间。总部在芝加哥的Nervana公司在像硬石酒店和瑞士酒店一类的商业机构中安装了交互性分隔墙面，并使用“幽灵墙”这一术语来对其进行描述。

在硬石酒店，这一“幽灵墙”可以向顾客提供酒店相关服务和就近购物信息。这里很难说清所谓**幽灵**到底指的是什么——是墙里的信息，还是将不具备交互性特征的平面指认为墙壁已是过时观念。在迈阿密，一座被简单地命名为“玻璃”的大楼将被建成，其用途是仅有十户住宅的高级奢华公寓楼。该公寓将坐落于正处于潮流的第五区南部。该大楼的三层顶楼公寓价位在七百万到三千五百万美元之间不

等。这里住宅的平均价格在九百万美元左右，088
预计于 2015 年完工。公寓楼大厅中将安装交互型的落地玻璃墙面，其目标理念即为融合户内外生活。在开发商介绍这一工程的网页上展现着这座大楼引人遐想的成果图片，其中的交互墙面却是像素化的，以给潜在买家留下想象的空间，使其可以将自身的欲望投射到这些墙面所传递的可能性之上。

车辆中应用的玻璃也已经成为了我们投射交互性幻想的平面，而交互性科技在这些平面上所传递的信息也日益增多。在康宁公司的小短片中我们曾简单地看到过玻璃控制板是如何策划路线并将主题规划图投射在上面的。同样地，挡风玻璃也是承载我们期望找到电子信息的设想的平面。这种互动式，多触点的挡风玻璃出现在了最近的两部电影当中：《碟中谍—鬼影约章》(布拉德·伯德执导，2011)，以及

《美国队长：冬兵》（安东尼·罗素，乔·罗素执导，2014）。我们期盼着玻璃材质的物品向我们打开一扇通往交互体验世界的大门，而这两部电影肯定了这一期望。电影中的角色们和挡风玻璃互动往往是在肾上腺素飙升的激烈时刻——追捕、攻击——而此时的玻璃化身为可以对高速飞奔的思绪作出迅速反应的理性平面。挡风玻璃也因为随时可能崩坏而具有不稳定性，同时它又因为可以指导用户前往目的地获取安全感而具有防御性。随着影星在大银屏上和智能玻璃产生互动的桥段越来越多，
089 我们便愈发渴望着玻璃平面可以识别出自身的存在并让我们去处理呈现在玻璃之中的虚拟物品。

在《碟中谍—鬼影约章》中，伊森·亨特（由汤姆·克鲁斯扮演，该影片中他再次得以生活在由他指令的幻想世界当中）和另一名超

级间谍驾车行驶在孟买熙熙攘攘的街头之时，一同操控交互型、多触点的汽车挡风玻璃，以策划一条最便捷的逃离路线。这一场景诠释了汤姆·克鲁斯和宝拉·帕顿轻而易举便可触及一个附近物品，唤醒它并使其听从指令的幻想。

然而，这一特性并不全都是幻想。它的灵感实际上来源于宝马互联驾驶科技，该项技术“使得驾驶员可以在全联接的交互信息网络的帮助下，将来自于汽车、驾驶员本身和周边环境的数据进行整合。”[1] 宝马公司所设想的未来不仅限于玻璃。该公司的高效动力策略概念车很大程度上是由大型玻璃平面构成的，提供给驾驶员一种更加浸入式的驾驶体验。

玻璃的坚固性，以及我们对玻璃所提供的 090

---

1 约翰·西尔科克斯，《宝马 i8 漫游进〈碟中谍〉影片》，摘自 TheChargingPoint. com（2011 年 12 月 16 日）。

图 14　汽车内部的一个新高度，保证了“应答式操纵”（《碟中谍—鬼影约章》剧照，派拉蒙影业）

保护功能的认可感，在“挡风玻璃”这一词语中有所体现，这一名称貌似是最先被用来描述自行车和风衣的，首次被用于形容汽车是在1911年的《纽约时报》所刊登的广告上，内容是“舒比度1911年款四座，半赛车……超凡脱俗的设备中包括车顶，挡风玻璃和减震器。”虽然说，车辆上的玻璃能够保护乘客不受风的干扰是肯定的，但是我们对挡风玻璃的认知却不是保护我们不受前方世界的威胁，而是确保我们能够进入这个未知天地。毕竟，汽车的本质是可以满足我们旅行幻想的物品，不管这一幻想是简单地从甲地位移到乙地，还是通过获得一辆新车的方式，将我们变作更为安全，更为性感的自我。

在《美国队长：冬兵》中，上校尼克·弗瑞（由塞缪尔·L·杰克逊扮演）在驾驶他的运动型休旅车时被一些陌生的特工攻击了；汽车挡风玻璃为他策划了逃离路线，组织了视频聊天，并针对车辆的功能性提供了相关报告，甚至还评估了弗瑞的身体健康状况。

要不是混入了一些像谷歌眼镜、微软智能眼镜、乐活手环一类现实中存在的科技，这一场景看起来就像科幻作品里的一部分。车辆玻璃交互智能化的观念已经不再是幻想了。在
2012 年芝加哥车展上，马自达展出了一辆拥
有交互性车窗的座驾，由 Fusion92 公司的视觉
091 触点科技提供的技术支持，在这辆车中，可以
通过车窗直接参与赌马。这一车窗具有完全的交互性平面功能，在（至少）两方面有所暗示：允许进入赌局的功能给了用户幻想拥有明年最新款车辆的可能习惯；而从车窗玻璃上就能以虚拟方式进入赌局这一概念，也允许用户们体验一把以前只能在科幻电影中见到的功能。

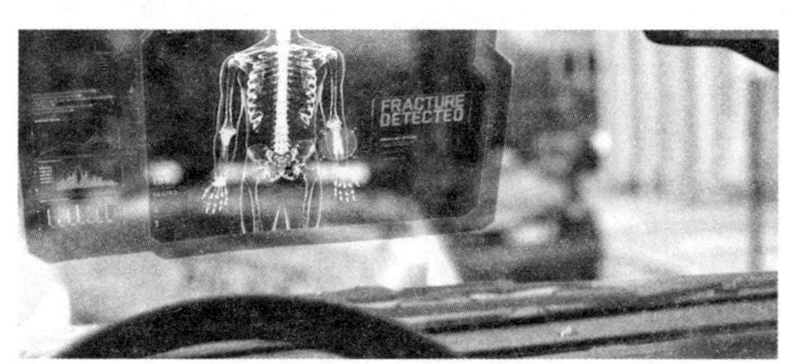

图 15　交互性挡风玻璃将你围绕（《美国队长：冬兵》剧照，华特迪士尼影视制作公司）

在我们的幻想世界中，英雄们在周边环境中找到可以应答其需求的玻璃似乎成了第二自然。小罗伯特·唐尼的第二人格托尼·史塔克，除了管理一家大型国际综合企业和在蒙特卡洛开赛车以外，他只需要轻轻一点自己实验室中的独立式玻璃控制面板，便能看到设备组成元件的概念图。正如我们在《复仇者联盟》（乔斯·韦登执导，2012）片尾看到的一样，钢铁侠的面罩能在监控周边环境的同时让他和女朋友视频通话。在《超凡蜘蛛侠 2》（马克·韦布执导，2014）中，哈里·奥斯本激活了他的玻璃桌面，却发现桌子竟和其他物品互动起来并提取出了储备的虚拟数据，这使他颇为惊
092 讶。这些例子体现出，当我们看到越来越多的名人或超级英雄开始和玻璃并通过玻璃进行互动时，我们对于能够应答和互动的玻璃的渴望便越加强烈。然而，上面提及的例子也说明

了，科幻和现实愈发接近。汽车制造商赛扬公司的“幽灵玻璃”名片可以在展厅中和其他智能玻璃平面互动，以虚拟的形式展示汽车的细节，就好像这些名片本身包含着这一系统别处的实体物件似的。交互性玻璃制造商使用“幽灵”这一词语来描述他们的产品，这既强调了玻璃的新形式可使得稍纵即逝之事物变得实体化，而自相矛盾的是，这一用语同时又突出了交互性玻璃取代了已过时的，非交互性的实体屏障。

材料文化理论学者所做的研究不但帮助我们理解着大文化环境中发生的变化，同时也在塑造着这些变化[1]。举个例子，阿尔君·阿帕

---

1 在许多层面上，本书都和一系列涉及材料文化研究的书籍交集颇深，而材料文化研究在人文学科中是重要、流行以及非常具有创意的领域。《玻璃》一书为乔纳森·兰姆所著《事物所说的事物》（普林斯顿：普林斯顿大学出版社，2011），伊恩·伯格斯特，《异类现象论，作为一个东西是怎样的感觉》（明尼阿波利斯：明尼苏达大学出版社，2012）或者列维·布莱恩特所著的 （转下页）

杜莱提出了“媒体景观”一词用来形容产生文化的文化假想的概念元素，而交互性玻璃正是这一概念的实例体现。引人入胜的是，在阿晶·阿帕迪创造出这个名词后不久，一家从事3D平面投射和交互性墙面的美国公司成立并取名为“媒体景观企业”。当我们将玻璃作为物体研究的对象时，我们不仅仅在案例研究中看到了未来与现实的碰撞，同时也目睹了理论和现实的交汇。

（接上页）《物品之民主》（安娜堡：密歇根大学图书馆，2011）的读者们提供了实例研究。自然，我的书所持有的论点和布莱恩特提出的“物本体”（onticology）一词所含概念契合，“物本体”意味着“存在本身是由对象组成的”，除此以外，本书还探讨了客体之间的关系，并呈现着主体本身是如何不可避免地成为客体的。

"玻璃之世界"

玻璃，是我们无时无刻都能遇到的物品或者说是物质。从历史角度上来说，我们一直都期盼着能够透过玻璃去看一些别的什么东西，而这玻璃指的要是镜子，那便是看到自身影像的渴望。交互性玻璃似乎在改变着这一物品的本质。当我们研究自文艺复兴以来对于玻璃的各种描述时，我们便会意识到，一直以来，我们都被这一随处可见的物品所深深吸引，并使用它来满足我们日益增加的，希望被无生命的物品所刺激和应答的欲望。在此，我们将目光转向过往，并以此结束对玻璃的探讨。

“玻璃”一词来源于古英语，根据历史记录，这一词语在英语中最早被使用是在888年，在由阿尔弗雷德大帝从拉丁文翻译到当时通用英语的波爱修斯名著《哲学的慰藉》中首次出现。《牛津英文词典》中说明道，“glass”一词的最终词根可能来自德语当中的*glă*-或者*glæ*-，这两种皆为*glô*-的一种变体，意为闪亮。在这一词源当中，作为物品或者说物质的**玻璃**的名称是直接和玻璃的效果联系到一起的。**使某物闪亮**意味着使这件物品看起来如同崭新的一样，或使其看起来在最佳状态。如此看来，玻璃象征着欲望，其来有自。然而语言族谱却从来没有这么简单。从1547年，“玻璃”一词作为形容词开始流行，意为灰色的。该词语的这种含义有可能来自于威尔士语“glas”一词。这一词源则暗示着玻璃的另外一种蕴涵，自相矛盾的，这种含义也正是玻璃作为材料的本质核心：将某物看作是灰色的，便是承认它是无关痛痒的。我们总是忽略玻璃存在的这一事实，和以上观点则联系到了一起。当然了，玻璃的角色本质就是应当不起眼的。想想杯子，电脑屏幕，窗户和眼镜镜片吧。玻璃的存在意义便是**不**存在，是允许我们透明地观看玻璃中，或者玻璃另一边的事物。

这两种词源并不一定是相互冲突的。正如我们之前讨论十四行诗时看到过的，在莎翁的年代，“玻璃”一词也曾被当作动词使用，意为密封到玻璃当中。作为动词时，它也是将某物放到一面镜子面前的意思。将一个物品密封到玻璃当中，也就是将其展示给人看，并将它以最佳状态保存下来。玻璃，通过使我们忽略它自身的存在，使其储存的物品突出闪亮。

让我们最后一次转回到文艺复兴文学中。

在斯宾塞[1]的第三本著作《仙后》（1590）中，女英雄布里马特碰见了梅林。巫师梅林有一块“神佑的窥镜”，他用该物来向女骑士布里马特展示后者命中注定要嫁给的情人[2]。这一情节中融合了许多本书中提及的玻璃的功能。这一块玻璃使得布里马特看到了未来，使她弄清了自己浪漫欲望的核心，并将她未来的情人像可被拥有的物品一样展现了出来。

这一场景发生在一个充斥着龙、巫师和骑士的奇幻世界。与此同时，这个魔幻世界实际上是在暗喻着发展中的伊丽莎白时代的英国，在那时，许多玻璃领域的创新使得个体们可以看得更

---

1 埃德蒙·斯宾塞（Edmund Spenser，1552－1599），英国桂冠诗人，在英国文学史上，以向英女王伊丽莎白一世致敬的《仙后》闻名。——译者注

2 与梅林的魔法玻璃的交集出现在第三卷的第二章和第三章当中。埃德蒙·斯宾塞，《仙后：第三卷与第四卷》，编辑多萝西·斯蒂芬斯（印第安纳波利斯与剑桥：哈克特出版公司，2006），30—68.

远，并向他人展示，自己仿佛也拥有着神样的知识。斯宾塞在书中告诉我们，梅林设计了：

> 拥有着高深的法术，令冥府都畏惧的权威，
> 一枚魔法玻璃，被华丽地装饰着，
> 大千世界都将为它的权能所震撼。
> 它能够清清楚楚地，
> 展示出世上之万物，
> 不论是低到尘埃，还是高到天堂之际，
> 就连用它观望的人也逃不出它的视野；
> 所有心怀鬼胎的敌人，和伪装称善的友人，
> 都暴露在它的眼下。

梅林的魔法玻璃包含了这大千世界的万物所有，其应用也是数不胜数。当布里马特凝视进

这块玻璃时，她试图看到自己的影像却未果。因此，她转变了视角，开始寻找她未来的夫婿。她从自恋的观望转变到了寻觅另一半，其中爱是链接二者的关键。于是此时，一名“俊俏的骑士”出现了。梅林的玻璃镜同时也能应用于军事领域。作者赋予这块魔法玻璃能远距离识别和销毁敌方的能力，这仿佛是预测了《星际迷航》中镜像宇宙中的坦塔罗斯场，以及《少数派报告》中的玻璃播放平面。在这两部科幻作品和这部文艺复兴时期诗歌当中，具有巨大容纳能力的玻璃威力无穷。斯宾塞将梅林的魔镜简单地描述为“圆而中空的形状”，但这形态简约的玻璃却法力无边。这块镜子被写作：

就像这世界本身

形似一个玻璃的世界。

玻璃可以容纳世界这一观念，抑或说，这世界本身可以被领悟作是一块玻璃的想法，在文艺复兴时期颇为盛行。前文中我们曾谈到，玛格丽特·卡文迪许将整个世界想象进了一只耳环里，而安德鲁·马维尔将一整片景观比作一面镜子，太阳在镜中都看到了自己的镜像。在这一层面上，我们可以联想到哈姆雷特是如何戏剧性的“给自然举起一面镜子”的。玻璃是艺术模仿生活的最佳比喻，随后，哈姆雷特对母亲说，“我要把一面镜子放在你面前，让你看一看你自己的灵魂”，并以此试图让她回归理智。[1] 让我们回想一番欧文斯-伊利诺斯公司的“玻璃即生命”活动中的标语，“玻璃讲述事

1 关于世界是由玻璃组成的这一观念，约翰·迪给了我们另一个令人惊艳的例子：“上帝所造之物的整个框架，（也就是整个世界），对于我们而言，就是一块明亮的玻璃：从这一玻璃我们看到的反射镜像，反弹着学识和毅力，光线和辐射：代表着上帝无尽神性，全能，和智慧的形象。于是，我们被教导，被说服，去颂扬我们的造物主，并称之为上帝：并因此，心怀感激。”迪，sig. bjv.

实”。斯宾塞，莎士比亚，以及其他文艺复兴时期的作家似乎都相信玻璃具有海纳百川，呈现一切的能力，这更加证实了“玻璃讲述事实”的观念。

结语：我的口袋里有什么？

J. R. R·托尔金在《霍比特人》（1937）中描述的比尔博·巴金斯和古鲁姆的首次相见是我非常喜爱的场景之一。二人互问了一系列谜语。托尔金生前是研究中世纪文学的一名学者，他写进书中的一些谜语都来自于可追溯到10世纪的一本书稿中。《爱塞特诗集》是一本集结了盎格鲁-撒克逊诗歌的书，其中收录了约一百条谜语，也就是**诗谜**，但比尔博给古鲁姆出的最后一条谜语并不是来自这本诗集的。这名霍比特人问道，“我的口袋里有什么？”

这个问题使古鲁姆恼羞成怒。他怎么会知道这个问题的答案呢？

此刻，我的口袋里是我的苹果手机。我估计，不管是此时此刻，还是最近某个时间，你的口袋里八成也有一部智能手机。到 2020 年前，**全球**百分之八十的成年人都将拥有一部可以连接到互联网的智能手机。

苹果手机和其他类似设备代表着与我们进行互动的一种无处不在的玻璃的形式。而我们与其互动的形式也堪称多种多样。从触觉层面上来说，我们总是点击或滑动屏幕。从互动层面上来说，我们在屏幕上看到了自己、他人，或寻找一些新的东西。从情感层面上来说，我们对这一片玻璃制品的情感在焦虑不安和忽视其存在之间不停转换。但它就在那儿。它是一扇门。是一面窗。是一个连接点。而也许，不到它的屏幕破碎或裂开的时候，我们便意识不到，其实它的本质便是玻璃。[1]

也许未来的世界，是玻璃制成的世界——这里不仅仅指的是康宁公司和其他科技公司所想象的那样，玻璃平面随处可及，具有交互性。我们需要提醒自己，这个通过交互性玻璃接触到的世界本身，也是玻璃制成的。屏幕上所呈现的信息的技术支持来源于集成电路板和全球互联网络，这两样都是由纤维玻璃制成的。这一材料的诞生是为了取代在电话系统中不再管用的铜线，而正是康宁公司本身研发出了这种可以承载光的玻璃材料：光纤。玻璃以光纤线的形式，连接起了互联网的每条分支，进而满足了用户们的所需所求。

文艺复兴时期关于玻璃的幻想便是我们的

---

1 苹果手机和其他许多智能手机和平板电脑都使用康宁公司的“大猩猩玻璃”来制造屏幕。这一产品的名称和其他许多交互性玻璃的名称一样，例如爱尔兰玻璃，柳树玻璃，莲花玻璃等等都向我们呈现出了玻璃与生命息息相关的联系。

幻想，苹果手机和互联网便是这一观念的终极例子。我们在日常的玻璃物品中，看到了人类共同拥有的想象，正是这样的想象力赋予了玻璃互动性能，在诗歌韵律中，在展厅地面上，在科幻电影里，都随处可见。

延伸阅读

在过去的二十年间，讨论玻璃的历史的书籍不在少数。也有为数不多的书籍，探索文学中玻璃的意象——尤其是镜子的意象。除此以外，还有很多将玻璃作为装饰元素或功能型物品来研究的作品得以出版。传统的玻璃研究的核心在于玻璃制作工艺，尤其是奢华玻璃形式的特定发展时期，或者玻璃在文化中的重要地位的广义历史。因此，像艾伦·麦克法尔兰和杰瑞·马丁所著的《玻璃的世界历史》（芝加哥大学出版社，2006 年），或者大卫·惠特豪斯的《玻璃：一段简短的历史》（Smithsonian

出版社，2012 年），都吸引着读者去追寻玻璃在文化中的独一无二的历史。有不少作品是将玻璃作为家居华丽物品加以研究的，这里的玻璃是家居的组成部分，或者是一种制造商日益增多的材料。其中最为重要的一本著作是萨比娜·梅尔基奥尔-博内的《镜像的历史》（劳特利奇出版社，2002）。

有一些书籍中则讨论了玻璃在早期英语文学中的各种形象，包括赫伯特·格拉贝斯所著的《易变的玻璃：中世纪和英国文艺复兴时期的标题和文本中的镜子意象》（剑桥大学出版社，1982 年）以及爱德华·诺兰的《犹在镜中：从维吉尔到乔叟，存在和认知的镜像》
100 （密歇根大学出版社，1991 年）。雷纳·卡拉斯的《框架，玻璃，诗篇：英国文艺复兴时期诗歌发明的技术》（康奈尔大学出版社，2007 年）则是关于玻璃领域的科技如何为莎士比亚时代的诗人们提供诗歌写作方面的词汇灵感的。从某种程度上而言，我的这本书和本杰明·格尔德贝格所著的《镜子和人类》（弗吉尼亚大学出版社，1985 年）的讨论最为相似，后者呈现了关于镜子的古代世界神话学研究，以及 20 世纪下半叶镜子在科技发展中的使用情况。某些读者可能会喜欢 2013 年 Punctum 书业出版的《透明之物：一间橱柜》，（由玛吉·M·威廉姆斯和格伦·艾琳·奥弗贝编辑），这本书中收集了一系列关于中世纪学术和教育学的散文。这册书的定位是献给一个名为“物质集合”的协会的“情书”，该协会是由艺术史学家和视觉艺术的学生组成的，致力于培养关于物品学的新思想的合作组织，其中一些散文便是使用像水晶和彩色玻璃一类的透明物品来进行讨论的文学作品。

致谢

在本书成书的过程中，许多人都扮演了重要的角色，无论是那些催促我参与此丛书系列的人，还是那些和我探讨了不同书籍章节内容的人，抑或是那些分享给我一个简单而有趣的关于玻璃的参考条目的人。我要向 Bryan Alexander，Amanda Bailey，Chris Bates，Ian Bogost，Gina Caison，Marcus Ewert，Margaret Ferguson，Jeffrey Fisher，William Garrison，Jane Monahan Garrison，Stephen Guy-Bray，Scott Hendrix，Mary Holland，PhilIP Krejcarek，Marina McDougall，Colin Milburn，Haaris Naqvi，

Kevin McMahon，Gregory Marks，Christopher May，Kyle Pivetti，Helen Saxenian，Christopher Schaberg，Karl Schmieder，以及 Molly Walsh 表示感谢。早先我在《大西洋》杂志上发表的一篇文章奠定了本书的雏形，我要感谢杂志的编辑团队，谢谢他们邀请我在该杂志上分享我关于本书的早期研究和想法。

索引[1]

OBJECT LESSONS

1 本索引所示页码为原书页码，即本书边码。——译者注

OBJECT LESSONS

OBJECT LESSONS

OBJECT LESSONS

图书在版编目（CIP）数据

玻璃：过去现在未来故事三面性/(美) 约翰 · 加里森著；郝小斐译.

-- 上海：上海文艺出版社, 2020

（知物系列）

ISBN 978-7-5321-7716-5

Ⅰ.①玻… Ⅱ.①约… ②郝… Ⅲ.①玻璃—普及读物 Ⅳ.①TQ171.7-49

中国版本图书馆CIP数据核字(2020)第145828号

发 行 人：毕　胜

策　　划：林雅琳

责任编辑：胡远行

装帧设计：胡斌工作室

书　　名：玻璃：过去现在未来故事三面性

作　　者：(美) 约翰 · 加里森

译　　者：郝小斐

出　　版：上海世纪出版集团　　上海文艺出版社

地　　址：上海市绍兴路7号　200020

发　　行：上海文艺出版社发行中心

上海市绍兴路50号　200020　www.ewen.co

印　　刷：启东市人民印刷有限公司

开　　本：787×1000　1/32

印　　张：7

插　　页：3

字　　数：76,000

印　　次：2020年10月第1版　2020年10月第1次印刷

I S B N：978-7-5321-7716-5/G · 0291

定　　价：35.00元

告 读 者：如发现本书有质量问题请与印刷厂质量科联系　T: 0513-83349365

OBJECT LESSONS 知物

小文艺·口袋文库·知物系列

玻璃 _ 过去现在未来故事三面性

时差 _ 昼夜节律与蓝调

兜帽 _ 隐匿于善恶之间

袜子 _ 隐秘的安慰

问卷 _ 潘多拉的清单

[illegible] _ 是[illegible]，还是[illegible]？

[illegible]

面包 _ 膨胀的激情与冲突

即将推出（书名暂定）

密码

发

树

地球

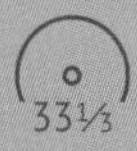

小文艺·口袋文库·33⅓系列

涅槃 _ 母体中

人行道 _ 无为所为

黑色安息日 _ 现实之主

小妖精 _ 杜立特

鲍勃·迪伦 _ 重返61号公路

地下丝绒与妮可

迈尔斯·戴维斯 _ 即兴精酿

大卫·鲍伊 _ 低

汤姆·韦茨 _ 剑鱼长号

齐柏林飞艇 IV

小文艺·口袋文库·知人系列

汉娜·阿伦特 _ 活在黑暗时代
塞林格 _ 艺术家逃跑了
爱伦·坡 _ 有一种发烧叫活着
梵高 _ 一种力量在沸腾
卢西安·弗洛伊德 _ 眼睛张大点
阿尔弗雷德·希区柯克 _ 他知道得太多了
大卫·林奇 _ 他来自异世界

小文艺·口袋文库·小说系列

报告政府 著——韩少功
我胆小如鼠 著——余华
无性伴侣 著——唐颖
特蕾莎的流氓犯 著——陈谦
荔荔 著——纳兰妙殊
群众来信 著——苏童
目光愈拉愈长 著——东西
致无尽关系 著——孙惠芬
不准眨眼 著——石一枫
单身汉董进步 著——袁远

二马路上的天使 著——李洱
不过是垃圾 著——格非
正当防卫 著——裘山山
夏朗的望远镜 著——张楚
北地爱情 著——邵丽
请女人猜谜 著——孙甘露
伪证制造者 著——徐则臣
金链汉子之歌 著——曹寇
腐败分子潘长水 著——李唯
城市八卦 著——奚榜